湖州师范学院"两山"理念研究院
INSTITUTE OF "TWO MOUNTAINS" THEORY

2020年第1辑

金佩华 王景新 / 主编

"两山"学刊

"TWO MOUNTAINS" JOURNAL

第一辑

经济管理出版社
ECONOMY & MANAGEMENT PUBLISHING HOUSE

图书在版编目（CIP）数据

"两山"学刊. 第一辑 / 金佩华，王景新主编. —北京：经济管理出版社，2023.6
ISBN 978-7-5096-9101-4

Ⅰ.①两… Ⅱ.①金… ②王… Ⅲ.①生态环境建设—中国—丛刊 Ⅳ.①X321.2-55

中国国家版本馆 CIP 数据核字（2023）第 110525 号

组稿编辑：杨　雪
责任编辑：杨　雪
助理编辑：王　慧
责任印制：黄章平
责任校对：王淑卿

出版发行：经济管理出版社
　　　　　（北京市海淀区北蜂窝 8 号中雅大厦 A 座 11 层　100038）
网　　址：www. E-mp. com. cn
电　　话：（010）51915602
印　　刷：唐山玺诚印务有限公司
经　　销：新华书店
开　　本：880mm×1230mm /16
印　　张：6. 5
字　　数：134 千字
版　　次：2023 年 6 月第 1 版　　2023 年 6 月第 1 次印刷
书　　号：ISBN 978-7-5096-9101-4
定　　价：58. 00 元

编委会

主 编

金佩华 王景新

副主编

陈光炬 杨建初 蔡颖萍 刘亚迪 刘玉莉 朱 强 沈琪霞

"两山"学刊

（第一辑）

目　录

"两山"理念与生态治理现代化

其　他

"两山"理念基础理论研究

习近平"两山"理念的道德形态学阐释*

□ 吴凡明

(湖州师范学院,"两山"理念研究院,湖州,313000)

摘 要:从道德形态学视野,可以按照自然生态、社会资源和精神象征把"两山"理念区分为三大形态。依据事实与价值的不同联结方式厘清"两山"理念道德形态各自适用的领域界限与问题范围。"两山"理念的道德形态从自然、社会和精神三方面区分出事实形态、应用形态和隐喻形态。事实形态是对"两山"理念生态伦理定位和自身价值的确证,体现尊重自然、顺应自然与保护自然的生态逻辑;应用形态是对作为自然资源的"绿水青山"的合理应用,体现遵循自然规律的原则;隐喻形态是一种以山水为意象的德性教化与审美感受,是对现实的德性之善与生活之美的彰显。

关键词:"两山"理念;道德形态学;生态伦理;道德哲学

2005 年 8 月,习近平总书记提出了"绿水青山就是金山银山"的理念(以下简称"两山"理念)。党的十九大报告提出:"建设生态文明必须坚持和践行'绿水青山就是金山银山'的理念。"[1]"两山"理念成为习近平新时代中国特色社会主义思想的重要内容。近些年来,学界试图从哲学、政治学、经济学、生态学等方面来诠释"两山"理念的内涵,尽管取得了一定的成果,然而这种从某种学科诠释的路径能否

* 作者简介:吴凡明(1967—),安徽长丰人,湖州师范学院"两山"理念研究中心常务副主任、教授、博士、硕士生导师,主要从事中国传统伦理思想与生态伦理思想研究。

基金项目:本文系 2018 年浙江省社科规划项目"马克思主义理论研究建设工程——习近平新时代中国特色社会主义思想研究"专项课题"习近平'两山'重要思想"的理论与实践研究(18MYZX04YB);2016 年国家社会科学基金特别委托项目"全国生态文明先行示范区建设理论与实践研究:以湖州市为例"(16@ZH005)的阶段性成果。

真正揭示"两山"理念的深刻内涵，还是一个值得探讨的问题。近年来，一些伦理学者将形态学方法引入道德哲学而创设了一种新的道德形态学的诠释方法。所谓道德形态学，"就是从'人'之关联于一切物质形式、制度框架、信仰方式和话语谱系的相互关联性出发，提供理解规范性之来源和美德之构成的物质基础和实践根源的一种视角或方法。"[2]"两山"理念揭示的是人与自然之间的关系，内含了从发展方式与生活方式出发的揭示道德形态的过程。因此，这种新的道德形态学视野为我们深刻理解和把握"两山"理念的科学意涵与道德意义提供了一种全新的视角和方法。

一、"两山"理念的道德形态学意义及其内在理据

"绿水青山就是金山银山"的理念涉及人与自然的关系问题，如果再进一步探究必然就上升为价值与事实的关系问题。可以说，价值与事实的关系问题是"绿水青山就是金山银山"理念更为根本的道德哲学依据。习近平总书记在阐释"两山"理念的科学内涵时强调："我们既要绿水青山，也要金山银山。宁要绿水青山，不要金山银山，而且绿水青山就是金山银山。"[3]从习近平总书记对"两山"理念的系统阐释可以看出，"绿水青山"是作为价值之"事实"来看待的，因为没有"绿水青山"这个"事实"，也就无所谓"金山银山"这个"价值"，更谈不上"就是"。这一论断已经深入伦理学的根本问题，也就是通常所讲的"休谟难题"。休谟曾说："在我所遇到的每一个道

德体系中，我一向注意到，作者在一个时期中是照平常的推理方式进行的，确定了上帝的存在，或是对人事作了一番议论；可是突然之间，我却大吃一惊地发现，我所遇到的不再是命题中通常的'是'与'不是'等联系词，而是没有一个命题不是由一个'应该'或一个'不应该'联系起来的。这个变化虽是不知不觉的，却是有极其重大的关系的。因为这个"应该"与"不应该"既然表示一种新的关系或肯定，所以就必须加以论述和说明；同时对于这种似乎完全不可思议的事情，即这个新关系如何能由完全不同的另外一些关系推出来的，也应该指出理由并加以说明。"[4]休谟难题为我们揭示了"是"与"应该"的关系问题，也就是事实与价值的关系问题。按照价值哲学的一般看法，认为"价值是客体依赖主体而具有的属性，是客体的事实属性对主体的需要、欲望、目的的效用；客体事实属性是'价值'产生的源泉和存在的载体、本体、实体"[5]。如此看来，"一切自然存在或生命存在只是在相对于人而言的意义上具备价值。从这样一种意义上看，天空、大地、河流、海洋、荒野、沼泽等诸形态的自然存在，以及植物、动物等诸形态的生命存在，都只是构成人类生存的资源或环境"[6]。但是，可以明显地看出，这是一种纯粹由功利主义诉诸人类利益的价值尺度。从客体的事实属性（绿水青山）出发，再由主体的需要、欲望和目的的契合度来考量，也就是客体的事实属性（绿水青山）应该如何满足主体的需要、欲望、目的（金山银山）的效用。这事实上是以一种功利主义价值观来确立山水这种自然存在的基本规范，也就是说，人类对山水等自然资源的

保护和对其所尽的义务，只是源于人类的需要或对人的需要的满足。若是以这种简单的人类中心论的价值尺度来把握"绿水青山就是金山银山"理念，显然无法深刻揭示这一理念的科学内涵。因为这种思维方式从根本上把事实与价值分离开来，以是否满足人类需要作为检验"事实"的"价值"，完全处在人类中心论的立场。因此，"两山"理念必然要走出人类中心论，迈向更为合理的伦理境域，寻求新的生态哲学的理论支撑。

当代生态伦理观是"两山"理念的生态哲学基础。"绿水青山就是金山银山"理念已经超越了基于"事实"与"价值"相分离而建构的人类中心论的生态伦理诉求，将"是与应该""事实与价值"统一起来，试图建构一种非人类中心论的生态主义的道德形态学。这种非人类中心论的道德形态学可能会改变人们对山水等自然存在的功利主义态度，把山水等自然存在的价值不再仅限定为人类的需求层面，而是把它们上升到更为深刻的"究天人之际"的层面上，从山水的自然生态价值上来确立山水等自然存在的生态伦理定位。这里的"绿水青山"作为一种自然存在，既是一种自然资源，也是一种伦理本原，更是一种生态根源。从"绿水青山"的伦理本原来看，既有中国传统儒家伦理"乐山乐水"的道德情怀与伦理诉求，"山水"的道德本原构成了人之"仁智"德性的伦理本原，同时又包含了道家"上善若水"的德性生活的实践指向。无论是儒家的"仁者乐山，智者乐水"，还是道家的"上善若水"，无不彰显一种尊重天道的道德立场。从"绿水青山"的生态根源上来看，"绿水青山"的生态理念内

含尊重山水自然存在的生态信念与遵循自然规律的生态立场。当代生态伦理已经跨出了人类只承担自身的责任与义务的伦理诉求，将道德关怀扩展到植物、动物、自然界和人类未来世代的领域，试图建立人类与生态自然之间的和谐关系以及人与人之间的代际和谐的伦理构想。利奥波德在《沙乡年鉴》一书中提出了土地伦理，认为"土地伦理是要把人类在共同体中以征服者面目出现的角色，变成这个共同体中的一员和公民。它暗含着对每个成员的尊敬，也包括对这个共同体的尊敬。"[7]利奥波德提出的土地伦理，扩大了共同体的界限，把土壤、山水、植物、动物都纳入到土地之中，改变了人类在共同体中的地位，人类从共同体的征服者转变到只是共同体中的普通一员和公民。在这个共同体中，人类不仅应当尊重其生物同伴，而且应以同样的态度尊重土地共同体。根据生态伦理观不难得出，山水已经不再是供人使用、控制和治理的自然资源，而是整个生态系统不可或缺的成员，构成了地球生态稳定系统的"根源"。山水等自然物作为生态根源，与人类共处在同一个生态系统，二者构成了和谐共生共在的生态图景。

从"两山"理念的道德哲学依据与当代生态伦理定位可以更好地诠释"绿水青山就是金山银山"的道德地位和道德形态学的伦理地位问题。"绿水青山"虽然是客观的自然存在，但是它已经被人们赋予了社会的、道德的、精神的多重意义。正是在这样多重意义之下，"绿水青山"除了自然形态外，还可以从逻辑上区分出三种可能的道德形态：一是"绿水青山"作为自然存在，在其自然生态的形态学意义上的

道德形态与伦理韵味；二是"绿水青山"作为社会之物，在其为人类社会所控制或利用的资源的形态学意义上所具有的道德意义与伦理价值；三是"绿水青山"作为精神之物，在其为人类净化灵魂、完善德性的精神的形态学意义上的道德意义与伦理旨趣。

二、"两山"理念的道德形态学内涵

从"两山"理念所涉及的道德形态学出发，可以从自然、社会和精神三方面把"绿水青山就是金山银山"理念区分为事实形态、应用形态和隐喻形态三种不同的道德形态。这三种道德形态各自有自己的边界与范围，并且三种道德形态具有相互贯通、互为印证、相互依存的逻辑关系。

（一）事实形态："绿水青山"作为自然物的内在价值

"两山"理念作为一种非人类中心主义的生态伦理定位，使人们可以重新思考"两山"理念的道德意义。正如美国学者纳什指出的那样："近年来，许多人发现，非人类生命和无生命的事物也有道德地位，是令人信服的。"[8]"绿水青山"若仅被看作是一种自然存在，是无所谓道德意义的。但是，当代生态伦理学已经超越了传统伦理学只关心人的存在，而扩展到关心动物、植物、岩石甚至一般意义上的大自然。因此，从当代生态伦理学的视角来思考"两山"理念，不难得出"绿水青山"作为自然存在的内在价值之生态伦理定位。

"绿水青山"作为一种客观的自然存在来

说，是"金山银山"（价值）赖以存在的客观基础。因此，"两山"理念的道德形态学特征是一种遵循自然的伦理。按照当代生态伦理学的观点，人类与自然的关系应该重新厘定，应把遵循自然的伦理原则用以指导人们的现实生活。要想考察"绿水青山"的道德意义与伦理价值，首先要确立自然的内在价值。"绿水青山"在生态系统中的价值就决定了人类在自然界与人类的生活世界中对自然存在的道德义务，就是要尊重和保护"绿水青山"，确保自然资源的完整、稳定与美丽，这不仅是因为"绿水青山"能够满足人的需要，还因为它与人共处于同一个共同体中，并且在这个共同体中二者是和谐共生的。由于"绿水青山"是整个地球上生物多样性与生命多样性稳定的根源，因此，只有在生态学意义上，其自身价值才能得以凸显，人类在利用自然资源的过程中应该在道德上关心其自身价值。尽管人类的生存与发展需要合理利用自然资源的工具性价值，但是，人们不应该短浅地看待自然资源合乎人类目的之有用性，而忽视了"绿水青山"作为自然资源对于其他生物存在与生命形式的共生关系，甚至为了人类一己之私利而破坏和污染"绿水青山"。这不仅可能产生对人类自身不利的结果，更是对"绿水青山"自身价值的无视，甚至会侵害自然界其他生命形式的生存与发展。

在充分认同"绿水青山"的内在价值的意义上，把对"绿水青山"的道德关怀当作是人作为土地共同体中的一员所尽的道德义务。因为在地球上存在的生命中只有人类具有为其他生物形式着想的道德意识，所以人类的道德关怀应该建立在土地共同体的意识之上，而不能从人类意识之上去思考自身的道德义务。当然，"绿水青山"作为自然资源具有多种价值形态，正如罗尔斯顿在《环境伦理学》一书中提出的那样，包括生态价值、生命支持的价值、经济价值、休闲旅游价值、科学价值、审美价值、历史价值、政治和军事价值、文化象征等[9]，但这些价值的前提是"绿水青山"本身具有的内在价值。由此确立了人类对于"绿水青山"的伦理底线，就是要尊重它的内在价值，并以此作为一种人类应当具备的道德觉悟和生态良知。

（二）应用形态："绿水青山"作为自然资源向社会资源转化的伦理考量

"绿水青山就是金山银山"理念本身就蕴含着自然资源与社会资源的相互转化。一些学者把"两山"理念的内涵看作是"实现经济生态化和生态经济化。"[10]这是从人类目的出发而得出的结论，这一内涵的深刻之处就在于揭示了"两山"理念的经济价值，看到了"绿水青山"作为自然之物，于人类来说是一种优质的自然资源，可以满足人类的经济需要；但从"两山"理念所揭示的深刻内涵来看，显然具有一定的片面性。习近平总书记明确指出："绿水青山就是金山银山，阐述了经济发展和生态环境保护的关系，揭示了保护生态环境就是保护生产力、改善生态环境就是发展生产力的道理，指明了实现发展和保护协同共生的新路径。""绿水青山既是自然财富、生态财富，又是社会财富、经济财富。"[11]习近平总书记把"两山"理念作为重要的发展理念来对待，指出了其深刻内涵就在于揭示了经济发展与生态保护之间的关系，并以"四个财富"概括了"绿水青山"的社会

价值之所在。"绿水青山"虽为自然之物，其本身蕴含的自然财富、生态财富、社会财富和经济财富这"四大财富"既包括物质财富，又包括精神财富。"绿水青山"本身所具有的价值就可以转化为人类的物质文化需要，这种物质文化需要就是"金山银山"，如何把"绿水青山"这一优质资源合理利用好，让其顺畅地转化为"金山银山"？这就涉及人们对"绿水青山"之"用"的伦理考量。在这一问题上的伦理选择和正确协调人与自然关系的道德形态，其实质是人际伦理在自然资源问题上的应用。

"绿水青山"之"用"的道德思考实际上是现代规范伦理学的应用，涉及道义论和功利论的道德理论在这一问题上的实践。人类在解决自然资源利用的伦理问题和道德问题时，首先要考虑人的需要来构建一种资源利用的伦理原则。应用形态的"两山"理念的道德形态学特征是以"人"为价值始点与最终归宿，"以人为本"是其核心价值理念和终极态度。这种"以人为本"的价值理念是从人的目的出发对"绿水青山"做出的价值评判，着眼于"绿水青山"的有用性，即客体事实属性对主体的效用，也就是看"绿水青山"能否给人带来"金山银山"。但关键是"绿水青山"在什么条件下才可以转变为"金山银山"？其中的伦理限度是什么？2005年8月24日，习近平在《浙江日报》"之江新语"栏目发表《绿水青山也是金山银山》的短论，明确指出："如果能够把这些生态环境优势转化为生态农业、生态工业、生态旅游等生态经济的优势，那么绿水青山也就变成了金山银山。"[12]要想把生态环境优势转化为生态经济优势，就要尊重自然，保护生态环

境，确保山是青的、水是绿的。"以人为本"的价值理念不是短视的经济行为，而是要从人类的长远利益出发，正确处理好义与利的关系问题。习近平总书记清楚地看到"绿水青山"与"金山银山"之间是会产生矛盾的，但也是辩证统一的。在这种情况下，"我们必须懂得机会成本，善于选择，学会扬弃，做到有所为、有所不为"[13]。应用形态的"两山"理念的伦理思考，必然要在道义论和功利论的伦理诉求中有所取舍。功利论者认为，"绿水青山"的转化效用，即是否转化为"金山银山"是对资源利用的道德评价唯一标准。而道义论者认为，在自然资源的利用方面，人们应该遵循自己的道德直觉，遵守现实的义务准则。两者的分歧表明，通过诉诸道德推理，把道德作为一种人为约定的基本理念，并通过程序公正建立自然资源利用上的各种规范体系。习近平总书记指出，"只有实行最严格的制度、最严密的法制，才能为生态文明建设提供可靠保障。"[14]从道德形态学意义上看，应用形态的"两山"理念的伦理是现代规范伦理学在生态环境问题上的应用。其最重要的规范性要素包括：一是关于生态环境问题上的制度安排的正当性和道德性；二是与生态环境有关的法律问题的道德性；三是关于自然资源利用涉及的利益格局中应遵循的公平与正义原则；四是关于个人或企业在利用资源与保护资源问题上的社会公德规约；五是关于生态治理和生态转化的制度伦理。

"两山"理念应用的道德形态是一种现实的或者务实的实践形态，它从人与人之间相互关系的规约、合作与交往的层面上界定自然资源之价值并解决如何利用的伦理问题。

（三）精神形态：自然之美与德性升华

精神形态的"两山"理念的道德形态的主要特征是：在人与山水的自然亲近与互镜中反观并提升人之道德境界。人"诗意地栖居在大地上"，"绿水青山"之美与人的存在之真交相辉映，构成了人与山水交融为一的天人合一的美丽画卷。由此，形成了各种隐喻形态的伦理图景：一是山水作为各种艺术作品表达的主题，隐喻人生境遇和人之情感；二是以山水比德喻道，将山水与人的精神追求融为一体，视山水与人互镜，将人之德性与山水之精神互为浑融。寄情山水与道法自然是中国传统伦理证道的基本方式。无论是处于痛苦的现实世界，还是处于顺境的愉悦，都可以在自然水山间得到心灵归宿与情感寄托，在"道法自然"的感召下体悟山水之"道"。"体道"的过程是一种超越政治事功、道德伦理、逻辑理论等的绝对精神自由，从"游心于物之初"到"得至美而游乎至乐"的艺术人生境界。从有限的一山一水中把握宇宙的无限，从而得到审美愉悦。

"绿水青山就是金山银山"的理念，体现在人的伦理生活形式上，必然展现为人之"诗意地栖居"这一后现代哲学的价值追求。在这一意义上，"人"之伦理在"绿水青山"的交融性的时空境域中，通过对山水自然价值的领悟，寻到一种自身存在的喜悦，就是所谓"仁者乐山，智者乐水"的德行之乐。这种"乐"的伦理感悟对于感悟者来说就是"金山银山"，只是这个"金山银山"是感悟者的一种审美愉悦。以山水比德具有德性教化意蕴，人们可以从山水的诸种形态和各种变化中，体悟出与人之德性相比拟的道德样态：似仁德、似仁义、似勇敢、似法度、似公正、似明察、似善化、似高远之志。正是这些道德样态贴近于山水的形态与变化，人们通过亲近与互镜，映照人之德性与山水精神的交融与统一。

从道德形态学视角看，精神形态的"两山"理念是一种隐喻形态的德性伦理。"绿水青山"在精神隐喻形态上并非山水之超验的精神思辨；相反，它是一种拟自然意义上的德性教化。

由此可见，"两山"理念是自然价值、社会价值与审美价值的统一体，自然价值是社会价值与审美价值的基础，社会价值是自然价值的自然延伸与拓展。社会价值是人类对"绿水青山"自然价值的应用形态的现实转化，审美价值是"绿水青山"自然价值对人自身的内在感悟与审美意识的内化。

三、"两山"理念道德形态学划分的道德哲学意义

"两山"理念的道德形态学划分为我们多角度理解与把握"两山"理念的深刻内涵找到了道德哲学的依据。首先，从传统德性伦理的角度来看，以山水喻道比德的精神形态，为人们在现代性来临后的"祛魅"生活增添了一幅"诗意地栖居"的美丽画卷。其次，从现代规范伦理的角度观察，在人的自立法度中寻其道德合理性，运用功利论或道义论等道德理论来解决自然资源利用问题上的伦理抉择与价值评价，提供了一种现代性应用形态的伦理原则。最后，以当代生态伦理为视角，把"两山"理念纳入伦理学的研究视角，探求"人与自然"和谐共生的伦理关系，为寻求"绿水青山"与人类

"共生共存共在"的新的共同体理念提供了新的生态伦理论视野。

"两山"理念的道德形态学划分，在道德哲学层面上具有方法论的意义。从事实与价值的关系出发，依据事实与价值的不同联结方式诠释"绿水青山"与"金山银山"各自适用的领域界限和问题范围，可以推广到许多新的理念的合理阐释。例如，"冰天雪地也是金山银山""沙漠戈壁也是金山银山"等，如果不从道德形态学的角度加以审视，从更为普遍的道德哲学意义去考察，把"绿水青山""冰天雪地""沙漠戈壁"等自然物看作是"金山银山"作为价值之事实，是无法理解这些著名论断的，更无从把握其普遍意义。

"两山"理念的道德形态学方法的运用，为全面深刻理解"两山"理念的科学内涵提供了哲学依据。从事实形态的角度解释"两山"理念的内涵，从"人与自然"的伦理生活维度到价值论上的"尊重"和存在论上的"相与"的伦理原则，将尊重自然、顺应自然与保护自然作为基本生活理念的道德形态。从应用形态的视角来把握"两山"理念的内涵，探究人类在合理利用山水等自然资源的实践活动中，协调好"人与山水"之间的关系，寻求到人的行为的道德合理性问题，只有在遵循自然规律基础上合理开发利用自然，以不伤害自然作为底线伦理。从精神形态角度理解"两山"理念的深刻内涵，揭示"两山"理念对于人的德性教化意义与审美情趣，在"人与自身"的实践中以山水之精神隐喻人生，使人之自我得以在一种存在论境域中从"绿水青山"之"是"中体悟到人之"应该"。

参考文献

［1］习近平.决胜全面建成小康社会　夺取新时代中国特色社会主义伟大胜利——在中国共产党第十九次全国代表大会上的报告［M］.北京：人民出版社，2017.

［2］田海平.比较哲学的元问题及道德形态学方法再思考［J］.江海学刊，2017（1）：5-13.

［3］习近平.习近平在纳扎尔巴耶夫大学的演讲［EB/OL］.新华网，http：//www.xinhuanet.com//politics/2013-09-08/c_117273079.htm，2013-09-08.

［4］休谟.人性论［M］.关文运，译.北京：商务印书馆，2016.

［5］王海明.伦理学方法［M］.北京：商务印书馆，2003.

［6］田海平."水"伦理的道德形态学论纲［J］.江海学刊，2012（4）：5-14.

［7］奥尔多·利奥波德.沙乡年鉴［M］.侯文惠，译.长春：吉林人民出版社，1997：194.

［8］纳什.大自然的权利——环境伦理学史［M］.杨通进，译.青岛：青岛出版社，1999.

［9］霍尔姆斯·罗尔斯顿.环境伦理学［M］.杨通进，译.北京：中国社会科学出版社，2000.

［10］"绿水青山就是金山银山"重要思想在浙江的实践研究课题组."两山"重要思想在浙江的实践研究［M］.杭州：浙江人民出版社，2017.

［11］习近平.推动我国生态文明建设迈上新台阶［EB/OL］.求是网，http：//www.qstheory.cn/dukan/qs/2019-01-31/c_1124054331.htm，2019-01-31.

［12］［13］习近平.之江新语［M］.杭州：浙江人民出版社，2007：53.

［14］中共中央宣传部.习近平总书记系列重要讲话读本［M］.北京：学习出版社，人民出版社，2016.

"两山"理念视域下的群众幸福感提升研究

□ 刘　剑

（湖州师范学院，经济管理学院，湖州，313000）

摘　要： 2015年，习近平总书记提出了"绿水青山就是金山银山"的理念；党的十九大以来，不断强调加强各个层面的建设来提升群众的幸福感、获得感与安全感。如何发展绿色生态经济，践行"两山"理念，如何用"两山"理念指导与提升群众的幸福感，是当下社会关注的焦点。本文通过研究"绿水青山"与幸福感影响因素的关联，提出加大"绿水青山"的保护力度、加速传统产业的转型升级、加宽群众经济收入增收渠道、加建群众幸福感追踪体系的策略，进而提升群众的幸福感。

关键词： "两山"理念；群众幸福感；影响因素；提升研究

一、引言

2005年8月15日，时任浙江省委书记的习近平同志在浙江安吉余村考察调研时，首次提出了"绿水青山就是金山银山"的科学论断。一周后，习近平同志（2005）在《浙江日报》发表的《之江新语》评论中指出，"生态环境优势转化为生态农业、生态工业、生态旅游等生态经济的优势，那么绿水青山也就变成了金山银山"。从此，"两山"理念正式走进人们的视野。"两山"理念的提出，充分体现了马克思主义的辩证观点，不仅系统剖析了经济与生态在演进过程中的相互关系，深刻揭示了经济社会发展的基本规律，而且对于新时代加强社会主义生态文明建设，满足人民日益增长的优美生态环境需求，建设美丽中国具有重要而深远的意义。

改革开放以来，我国综合国力显著提升，群众生活水平有了极大提高。但是，与群众日益增长的美好生活需要相比，我国发展不平衡不充分的矛盾较为突出。当前，我国正处于经济社会发展的转型期，切实提升居民幸福感，是全面建设小康社会的必要条件，也是实现我国"两个一百年"宏伟奋斗目标的客观要求。扎实做好此项工作是坚持以群众为中心的直接体现，也是实现"中国梦"的重要组成目标。

因此，在"两山"理念不断践行的当下，研究如何提升群众幸福感，其意义显得如此的重要与深远。

二、群众幸福感主要影响因素分析

幸福感是指人类基于自身的满足感与安全感而主观产生的一系列欣喜与愉悦的情绪。近年来，伴随我国人民生活水平的日益提高，群众幸福感已成为社会各界关注与讨论的热点。一些政府部门和调查机构不定期地发布居民幸福指数，有关幸福感的调查与研究受到前所未有的重视。

对幸福感的理解涉及许多层面，如个体层面、家庭层面和社会层面等；对幸福感产生影响的因素也是多种多样，如收入、健康、环境等因素。多年来，众多学者对幸福感影响因素进行了大量研究。赵斌和刘米娜（2013）认为，相对于社会资本和健康而言，收入是影响居民主观幸福感的最重要因素。褚雷和邢占军（2011）认为，在现阶段的中国，收入与城市居民幸福感之间具有一定的正相关关系。

严良等（2019）认为，健康对居民幸福感有着显著的正向影响。王琪瑛（2019）认为，健康自评程度越高，居民的主观幸福感越强；社会公平感知越高，居民的主观幸福感越强。赵斌和刘米娜（2013）认为，健康对幸福感具有很高的解释力，健康本身会对幸福感产生重要影响，但是由健康状况所引发的担忧也是影响主观幸福感的重要原因。

陈新颖和彭杰伟（2012）认为，生态环境是影响人类生存和发展的一切外界条件的总和，生态环境对人的幸福感有着重要的影响。他们还认为，生态环境直接关系到人们的幸福感。除此之外，婚姻、教育、交通、安全、人际关系等也是影响幸福感的因素。

同时，众多媒体、调查机构也对幸福感进行了多年跟踪与研究。例如，由新华社《瞭望东方周刊》与瞭望智库共同主办的"中国最具幸福感城市"调查推选活动已经连续成功举办13年，其中居民收入指数、生态环境指数、医疗健康指数、教育指数等被列入九个一级指标。

为了更好地获取影响群众幸福感的因素，本文采用随机问卷（500份），通过调查归纳，发现排在前三的因素分别是：①经济收入因素，主要指个人与家庭经济收入的高低；②健康因素，主要指个人以及家庭成员身体状况的健康与否；③生态环境因素，主要指居住与工作生态环境质量的好坏（见图1）。①

---

① 十九大强调"加强各个层面的建设来不断提升群众的获得感、幸福感与安全感"。故本次调查没有将"获得感"与"安全感"归属于"幸福感"中进行研究。

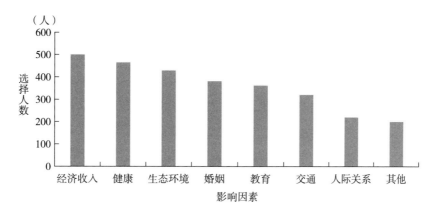

图1 幸福感影响因素调查统计分析

三、"两山"与"幸福感"主要影响因素的关联

(一)"两山"与经济收入因素的关联

经过十几年的阐释与深化,"两山"理念已经成为我国生态文明建设和可持续性绿色发展的行动指南。"绿水青山"是优质的生态环境,也是社会经济持续发展的源泉。王勇(2019)认为,正是因为优质生态环境具有的稀缺性和独特性,才能通过市场机制赋予其合理的价格,才能进行有价有偿的交易,才能通过市场价值创造,把优质的生态环境转化成居民的货币收入。周宏春(2015)认为,"两山"代表了生态环境价值的本来面貌,反映了人对自然生态价值的认识回归。他还提出了将资源优势转变成经济优势的实践路径。雷明(2015)分析了如何以"两山"理念指导绿色减贫,认为可以打造自然资源向资本和财富的绿色转化机制,因地制宜地将绿水青山转化为金山银山。袁正等(2013)发现,收入水平对居民主观幸福感有着正向效应,收入分配不公会削弱居民主观幸福感。何立新和潘春阳(2011)的研究结果

显示,提升居民的个人收入是提升他们主观幸福感的有效途径。

以"两山"理念诞生地——安吉为例,经过十几年的发展,第一产业——西苕溪源头区、中部丘陵区、平原土斗区三大农业功能区早已形成,白茶、蚕桑、休闲农业、毛竹4个万亩农业园区形成规模。一批现代农业园区提升建设,赋予了更多休闲元素,实现了"园区变景区、产品变礼品、农民变股民"。同时,第二产业加快转型升级。装备制造、健康医药、电子信息等新产业迅速发展壮大,竹业和椅业两大传统产业发展势头良好。立竹量、商品竹年产量、竹业年产值、竹制品年出口总额、竹业经济综合实力位列全国第一。尤其,安吉的转椅产业已成为省级现代产业集群转型升级示范区。此外,第三产业加速高端提升。安吉全力打造全省旅游经济综合改革试点示范县、长三角首选乡村休闲旅游目的地。一批旅游综合体和高端休闲项目初显雏形,形成了高山滑雪、竹海熊猫、生态影视等特色景点,特别是乡村旅游蓬勃兴起,进一步打响了安吉美丽乡村的品牌。

据安吉县人民政府网数据显示,2019年,安吉县地区生产总值约469.6亿元,约为2005

年89.3亿元的5.3倍；城镇和农村居民人均可支配收入分别约为2005年的3.9倍和4.8倍，其中农村居民人均可支配收入增速连续十五年位居浙江前列。"绿水青山"的生态优势逐步转化为生态农业、生态工业、生态旅游等生态经济的优势，生态经济优势又转化为当地群众的收入优势。

收入和幸福在主流经济学中被设定为正相关，个人以及家庭收入的高低对其幸福感存在显著影响，而相对收入地位对幸福感具有显著正向影响，也就是说，居民相对收入越高，幸福感越强（见图2）。虽然有些报道显示少部分高收入群体幸福感不强，但其中掺和着其他多种不确定因素，所以不能一票否定。一般来说，经济收入水平的高低影响着幸福感的高低。关联逻辑图如图2所示。

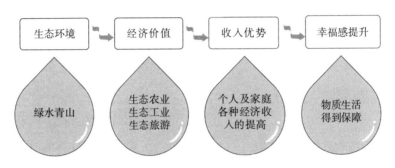

图2 "两山"与幸福感提升的关联逻辑（经济收入因素）

（二）"两山"与健康因素的关联

在2016年召开的全国卫生与健康大会上，习近平总书记强调："良好的生态环境是人类生存与健康的基础，没有全民健康，就没有全面小康。"同时，众多学者也有相同论断。周茂盛（2019）认为，生态环境保障人民的健康。刘毅（2016）认为，有美好环境，才有健康中国。

可以说，"绿水青山"的好环境对健康至关重要，只有全方位、全周期确保环境良好，才能有效把控多种健康影响因素交织的复杂局面，并从根本上满足广大人民群众的共同追求。目前，虽然我国的医院数量不断增加、医疗条件不断提高，但慢病高发、病满为患的现状反而有严重的趋势。采取什么措施才能彻底改变这种状况，早日实现全民身体健康，是摆在政府、医疗卫生等职能部门面前的一个十分严峻而又现实的重大民生问题。令人欣慰的是，近年来国内外大量研究已充分证实，人体的健康和抗病力取决于人体的微生态状态。而微生态状态又取决于周边环境的状况，新鲜的空气、优良的水质等，都是确保人们身体健康的根本要素。同时，绿水青山还能提供丰富的有机农副产品与珍贵药材资源，大大保障群众对绿色食品与健康医药的需求。

所以，要想有天蓝、山绿、气爽、水清的好环境，就必须首先有良好的"绿水青山"生态系统；否则，人民企盼的健康与长寿不可能实现。而国家对"绿水青山"环境的重视，恰恰体现了党以人民身体健康为中心的出发点，以人民幸福为宗旨的服务理念。群众的身体健康了，其幸福感自然而然会得到本质上的提升。关联逻辑图如图3所示。

图3 "两山"与幸福感提升的关联逻辑（健康因素）

（三）"两山"与生态环境因素的关联

习近平总书记曾多次强调："要把生态环境保护放在更加突出位置，像保护眼睛一样保护生态环境，像对待生命一样对待生态环境"；"在生态环境保护问题上，不能越雷池一步"。这些重要论述，为全社会做好环保工作指明了方向、提供了根本遵循。做好环境保护工作，是党中央、国务院的一贯要求和鲜明态度，更是决胜全面建成小康社会、提升群众幸福感的必然要求。

国外学者MacKerron和Mourato（2013）研究发现，周边环境较为优越时，被调访人员的幸福感指数将会大大增加。黄永明和何凌云（2013）认为，不同地区的居民的幸福感受到环境质量好坏的影响。郑君君等（2015）指出，客观存在的环境污染因素会对幸福感产生影响。

同时，新浪网（2018）报道：欧洲环境与健康中心的研究发现，居住在滨海靠水地区的人，当心情郁闷时，到海边散步，听着海浪的拍打声，会使身心放松，进而舒缓情绪；日本的研究人员通过研究发现，公园附近绿植多、空气质量好、噪声低、空气湿度适宜，让人不仅能经常感受绿色，还能增强人体免疫系统，有助于抵抗感染。此外，英国埃塞克斯大学研究发现，经常接触自然界的人更少生气、抑郁和紧张。这些研究进一步说明了"绿水青山"的好处与重要性。

近几年，随着中国经济快速发展，人们的生活、工作节奏越来越快，过重的心理负担和压力也会在一定程度上导致心情的不悦，甚至抑郁症的病发。所以，"绿水青山"能营造一个好的生态环境，可以让人们从繁事中脱离出来，陶冶人们的情操，愉悦身心，舒缓压力，使人们在劳累一段时间之后得到充分的休养生息，精神饱满地面对下一阶段的工作与学习。"绿水青山"的生态环境，能让人安居乐业，能提供生态旅游、营造娱乐休闲场所，能够促进人与自然的和谐相处，找到大自然带给人们的快乐，吸引更多人对美好生活产生向往。"环境就是民生，青山就是美丽，蓝天也是幸福"，环境保护、绿色发展，是民生所盼，更是人们幸福的源泉所在。关联逻辑图如图4所示。

图4 "两山"与幸福感提升的关联逻辑（生态环境因素）

四、"两山"理念视域下的群众幸福感提升策略

（一）加大"绿水青山"的保护力度

整体推进环境污染治理，加强水土流失综合防治，统筹推进山水林田湖草生态系统的整体保护、系统修复和综合治理，打造生态系统生命共同体。提高自然保护区、风景名胜区、水资源保护区和森林公园保护和建设水平。加大执法监管和问责力度，不负责就问责，不担当就挪位，实行"零容忍""零包容"，以严格的责任追究倒逼责任落实。

（二）加速传统产业的转型升级、促进生态环境与产业的发展融合

坚决摒弃以损害生态环境求发展的模式和做法，不断强化"绿水青山就是金山银山"的发展理念，以绿色发展引领转型升级。利用互联网、物联网、云计算等技术手段加快传统产业的改造升级，鼓励新能源、新材料、大健康等产业的兴办，做大做强新兴产业集群，发展壮大绿色经济新动能，加快经济绿色转型。利用生态优势或地区资源特色，因地制宜地将生态环境、自然资源禀赋与当地产业发展有机融合，打造产业特色、促进品牌建设。

（三）加宽群众经济收入增收的渠道

依托绿水青山及自身资源优势，促进资本、技术、人才等要素的正向流动，让更多群众参与到以"农家乐""洋家乐"为代表的生态旅游、生态种植、特种养殖等产业中来，推出产业扶持基金，支持群众创业与入股，拓宽群众增收渠道，让群众享受生态经济带来的实惠。同时，对于现有的低污染企业短期内不能实施"一刀切"强制性关门措施，因为部分低污染企业的"收入效应"高于"污染效应"，在治理污染企业的同时，要解决好群众就业与收入问题，否则会产生负面效应，进而降低群众的幸福感。

（四）加建基于"两山"理念与生态文明的群众幸福感追踪体系

以政府为核心，以"两山"理念与生态文明建设为指导思想，通过各个职能部门的分工合作，以及借助现代化调查工具与分析技术，构建起群众幸福感追踪体系，不定期、随机性地调查群众幸福感变化情况，深层次挖掘影响因子，究其原因，找出对策，解决问题，化解群众幸福感提升通道中的风险与困难，将群众真正所需与利益放在第一位，将"两山"的转化可持续化、可视化、人性化，进而实实在在地提升群众的幸福感。

五、总结

"两山"理念从诞生起，到2020年已经践行了十五年。在这十五年中，全国人民不断摸索、砥砺前行，总结出"绿水青山"既是自然财富、生态财富，又是社会财富、经济财富。"绿水青山"可以为群众提供干净的水源、清新的空气、绿色的食品、珍贵的药材等，还可以提高群众的经济收入、保障群众的身心健康。所以，只有守护好中国的绿水青山，增强生态"有形"与"无形"产品的供给能力，才可以源源不断地带来"金山银山"，这既提升了群众

的幸福感，还为决胜全面建成小康社会，实现"中国梦"打下了坚实基础。

参考文献

[1] MacKerron G, Mourato S. Happiness is greater in natural environments [J]. Global Environmental Change, 2013, 23 (5)：992-1000.

[2] 陈新颖，彭杰伟. 生态环境：幸福感的重要影响因素 [J]. 黑龙江生态工程职业学院学报，2012, 25 (4)：10-11.

[3] 陈新颖，彭杰伟. 生态幸福研究述评 [J]. 世界林业研究，2014, 27 (2)：6-10.

[4] 褚雷，邢占军. 幸福指数与社会发展 [J]. 思想政治工作研究，2011 (1)：24-25+31.

[5] 何立新，潘春阳. 破解中国的"Easterlin 悖论"：收入差距、机会不均与居民幸福感 [J]. 管理世界，2011 (8)：11-22+187.

[6] 黄永明，何凌云. 城市化、环境污染与居民主观幸福感——来自中国的经验证据 [J]. 中国软科学，2013 (12)：82-93.

[7] 雷明. 两山理论与绿色减贫 [J]. 经济研究参考，2015 (64)：21-22+28.

[8] 刘毅. 有美好环境，才有健康中国 [N]. 人民日报，2016-09-03 (10).

[9] 王琪瑛. 收入、健康、社会公平感与居民主观幸福感——一个区域差异分析视角 [J]. 社科纵横，2019, 34 (11)：66-74.

[10] 王勇. 习近平生态文明思想：贡献突破之一——"两山"理论内涵的经济学思考 [J]. 环境与可持续发展，2019 (6).

[11] 习近平. 绿水青山也是金山银山 [N]. 浙江日报，2005-08-24.

[12] 严良，代冰杰，李欢. 收入、健康与居民主观幸福感 [J]. 中国经贸导刊（中），2019 (12)：6-11.

[13] 袁正，郑欢，韩骁. 收入水平、分配公平与幸福感 [J]. 当代财经，2013 (11)：5-15.

[14] 赵斌，刘米娜. 收入、社会资本、健康与城市居民幸福感的实证分析 [J]. 统计与决策，2013 (20)：96-99.

[15] 郑君君，刘璨，李诚志. 环境污染对中国居民幸福感的影响——基于 CGSS 的实证分析 [J]. 武汉大学学报，2015 (4)：66-73.

[16] 68 种疾病与环境差有关！科学家：住这 7 类居所的人更长寿 [EB/OL]. 环球网，https：//baijia-hao. baidu. com/s？id＝1602396297515210879，2018-06-15.

[17] 周宏春. "两山"重要思想是中国化的马克思主义认识论 [J]. 中国生态文明，2015 (3)：22-27.

[18] 周茂盛. 绿水青山就是金山银山，生态环境保障人民健康 [J]. 西海岸周刊，2019.

基于绿色资产视角的"两山"转化通道的动力机制分析*

□ 邓新杰

（义乌工商职业技术学院，经济管理学院，义乌，322000）

摘　要：目前"两山"转化通道尚未完全打通，原因在于转化动力不足和机制单一。本文首先将"绿水青山"视为具有生态价值和经济价值双重属性的绿色资产，拓展了"金山银山"的多重内涵，并从保值增值角度进行了四种"两山"转化情形的动力分析。其次从强化和保障"两山"转化动力的机制出发，梳理了我国打开"两山"转化通道的制度安排与政策设计。最后提出政府"两山"转化工作重心仍需放在构建更加完善的自然资源要素市场化配置体制机制，并兼顾多种形式的绿色资产保值增值活动上。

关键词："两山"转化；动力机制；绿色资产；保值增值

习近平同志 2005 年在考察浙江安吉余村时提出的"绿水青山就是金山银山"的科学论断，阐明了生态保护与经济发展的辩证关系。十多年来，"两山"理念成为指导浙江省乃至全国生态文明建设的重要思想。但人们对"两山"理论的理解还并不深入，导致对"两山"理念的解析存在断裂、静态化和极简化的缺陷，[1]"绿水青山"向"金山银山"的转化通道并未完全打通，研究和探索使"绿水青山"转化为"金山银山"的内在逻辑、动力机制和实现路径依然任重而道远。本文试图从"绿色资产"视角对"两山"转化通道的动力机制进行解读，以期为各地区推进"两山"试验区建设、转化"绿水青山"为"金山银山"提供理论指导。

---

* 作者简介：邓新杰，义乌工商职业技术学院经济管理学院讲师，博士。

一、绿色资产视角下的"两山"内涵及三阶段解读

在"两山"重要思想中，学者们将"绿水青山"理解为包括"山水林田湖草"在内的生态环境和自然资源，"金山银山"则为经济增长及收入增加。环境资源既具有提供清新空气、舒适环境等生态产品和服务的生态价值，也拥有以此为载体发展生态农业、生态工业和生态旅游等产业的经济价值。[2] 鉴于此，"绿水青山"从经济学角度可以被视为绿色资产，与其相关的生态文明建设可以看作绿色资产的保值增值活动，而"金山银山"则为绿色资产保值增值活动中生态价值或经济价值的货币及非货币体现。[3]

如果用 E 表示绿色资产所提供的生态产品和服务，用 C 表示其参与经济活动所生产的消费品；则 E 的边际效用为 MU_E，C 的边际效用为 MU_C；生态产品 E 对日常消费品 C 的边际替代率 $MR_{EC} = (MU_E/MU_C)$。根据边际替代率的变化，自然资源的绿色资产双重价值视角可以更好地阐释习近平总书记提出的"两山"关系经历的三个阶段：[4]

第一阶段：在改革开放的前二十年，我国处于短缺经济时代，人们对温饱生活的追求使得 MU_C 偏高和 MU_E 偏低，C 对于 E 的边际替代率 MR_{CE} 非常高，表现为人们过度开采利用绿色资产的经济价值，而忽视甚至破坏其生态价值，这种牺牲环境资源来换取经济增长的行为，导致绿色资产的消耗性利用和减值，[5] 即"用'绿水青山'去换'金山银山'"。

第二阶段：21 世纪前 10 余年，随着我国经济发展和收入水平的不断提高，经济发展与资源匮乏、环境恶化之间的矛盾开始凸显，这使得人们对于环境和生活质量的关注度越来越高，对于生态产品及服务的偏好越来越强，导致 MU_C 降低和 MU_E 升高，导致 E 对于 C 的边际替代率 MR_{EC} 较高，表现为人们在开发绿色资产的经济价值时，不能以牺牲其生态价值为代价，此为既要"金山银山"，也要保住"绿水青山"。

第三阶段：近十几年来，人们在解决温饱问题以后的消费呈现多元化演变，而且对宜居环境等美好生活的向往日渐强烈，有机食品、康养旅游、休闲娱乐等逐渐成为绿色消费的主要方式。这种对"绿水青山"的非消耗性利用方式，使得绿色资产生态价值的保值增值活动亦可带来经济价值的提高，并通过市场化运作得到真金白银的产出，即"绿水青山"可以源源不断地带来"金山银山"。

综上所述，绿水青山如何转化为金山银山，取决于人们的需求更迭，以及由需求决定的绿色资产的价值变化。

二、"两山"转化的具体形式及动力分析

保住"绿水青山"，即绿色资产生态价值的不减少，已经得到国人的共识，但绿色资产的保值增值活动不一定都能带来"金山银山"的实惠，其经济价值一般可以通过市场交易带来真金白银的产出，但其生态价值很难实现货币兑现，一般要通过政府来对其进行货币补偿。所以，绿色资产生态价值或经济价值的货币体

现，即"金山银山"，应该既包括其经济价值通过市场机制实现的货币兑现，也包括其生态价值无法通过市场交易而只能通过转移支付实现的货币补偿。在具体实施过程中应两者兼顾，如果盲目追求市场化，不但可能会引起绿色资产生态价值的损失，还可能会造成重复建设和过度开发，导致资源浪费和效率低下。

绿色资产的增值保值活动主要有四种情况，相应的"两山"转化形式及动力机制亦包括四种，如表1所示。

表1 "两山"转化的动力机制

序号	"绿水青山"的保值增值	活动主体	转化动力	"金山银山"的产出形式
1	发展形式多样的生态经济	企业	追求利润	经济收益
2	重视并增加对生态环境的投入	政府	群众监督、政绩考核、引人留人	百姓口碑、政绩优秀、地区发展
3	生态修复、生态治理	生态区居民	转移支付	生态补偿、生态奖励
4	自觉维护生态环境资源的集体行动	公众	生态理念、环保意识下的自觉行为	自我满足感、成就感

第一种情况为发展形式多样的生态经济，包括依托生态环境资源种植经济作物、养殖水产、发展林下经济等生态农业，发展民宿、农家乐、休闲养生、景区游玩等生态旅游业，以及绿色生产、绿色加工、绿色创新等生态工业。生态经济的发展在绿色资产不损失生态价值的前提下，通过增加经济价值的货币兑现，吸引着追逐利润的社会资本参与到绿色资产的保值增值活动中来，其根本动力在于市场需求，即绿色消费理念提升和消费结构改变下的消费者对于生态品的需求。此时的"绿水青山"绿色资产，通过市场化运作成为绿色资本，并给企业带来利润财富（"金山银山"）的增加。

第二种情况为随着收入水平的提升，人民群众及社会舆论对于环境问题的敏感度和关注度越来越高，容忍度越来越低，政府也一改往日"唯GDP论"的观念，投入更多的资源在生态环境治理、资源维护等绿色资产保值增值活动中来。其动力在于民众对政府的监督压力，

以及政府对公民的负责精神，根本动力在于大众对包括舒适环境在内的美好生活的向往和需求。"五水共治""河（湖、林等）长制"等活动，彰显了各级政府领导保护、修复、整治环境的决心，此时的"绿水青山"逐渐得到恢复和保护，而"金山银山"不再表现为货币形式，而是舒适的环境以及老百姓对于政府的好评。况且，政府努力改善本区域营商环境之外的居住环境，也为本区域引人留人创造了有利条件，增强了本地区核心竞争力，为实现人才的创新创业和经济的快速增长打下基础。

第三种情况为生态区居民为了水源涵养提升、水土流失治理、生物多样性等，从事植树造林、生态修复、河湖净化、保护区巡逻、野生动植物保护等一系列生态活动。生态区居民一方面投入了大量人力、物力、财力；另一方面生态区的功能定位却限制了他们的发展空间，失去了产业发展机会。针对这种情况，可以通过政府购买、财政补贴、移民搬迁等形式，对

其进行生态补贴和生态补偿，此种形式的"金山银山"来源于政府转移支付，也成为生态区居民保护生态环境资源的不竭动力。

第四种情况为"绿水青山"所提供的清洁空气、舒适环境等生态品和服务，可以看作是公共品或准公共物品。随着人们生态理念和环保意识的逐渐增强，以及自主组织解决公共资源问题能力的增强，将引发自觉维护生态资源环境的集体行为。[6]再加上我国以社区、村为基本单元的上下贯通的优势，可以很好地解决制度供给、承诺和监督等问题，破除制度设计与提供的"二阶集体困境"。其动力来源于村民或社区居民生态理念、环保意识，自觉维护"绿水青山"的集体行动。

综上所述，人们对于美好生活的向往，对于关乎身心健康和生活质量的生态品的需求，是绿色资产保值增值活动，即"两山"转化的永久动力，也是政府制度安排与政策设计的根本出发点。

三、我国"两山"转化的困境及成因

当前我国"两山"转化实践，一方面存在过于依靠市场动力，生态宣传、生态投入、生态修复、生态治理及生态补偿动力不足的问题；另一方面在利用市场机制上，虽然没有继续损害自然环境资源生态价值，走"资源环境换经济增长"的老路，但依然存在政府并不完全专注于提供合理的外部基础设施条件，以及公平、无导向的外部政策环境的问题。造成的结果是：要么安于现状，困守"绿水青山"而无计可施；

要么未考虑市场需求、市场环境、配套设施、文化挖掘等因素，最终导致重复建设、资源浪费和效率低下。

产生上述问题的根本原因是，政府及市场主体对于"两山"的多重内涵，以及"两山"转化的多元动力机制认识不足，片面追求生态自然资源的货币化产出，导致资源配置扭曲；忽视"两山"转化的其他作用机制，导致转化的其他动力不足，"两山"转化通道不畅。

在诸多绿色资产保值增值活动的主体中，政府是绿色制度、绿色环境等公共产品的供给者，是环境污染负外部性和生态保护正外部性的矫正者，是绿色产品市场交易秩序的维护者；企业是践行"两山"理念的主力军，绿水青山的经济价值转化主要依靠市场；公众是践行"两山"理念的参与者。[7]所以，只有充分激发政府、企业、中介组织、社会团体和社会公众广泛参与生态文明建设的积极性、主动性和创新性，才能形成全社会的合力，真正打通"两山"的转化通道。主体行为源自动机的产生，成功实现"绿水青山"转化为"金山银山"的根本途径，在于"两山"转化动力的强化和保障，这又取决于政府所做的制度安排与政策设计。

四、打通"两山"转化通道的动力强化与保障机制

发展生态经济和发挥市场机制实现"两山"转化，是绿色资产保值增值第一种形式的活动。生态资源资本化、市场化运作，是绿色发展的根本动力，但鉴于市场外部性缺陷，需要政府

提供必要的干预和保障机制。应根据"使用者、污染者付费"原则，将自然环境资源纳入生产要素中，将环境成本内化到企业生产成本中。[8] 征收资源税、环境税、碳税等，可以实现负外部性的内部化；实施自然资源产权（水权、林权、渔权等）、环境资源产权（生态权、排污权等）和气候资源产权（碳权、碳汇）等的确权、交易、流转、抵押等一系列活动，将大大提高资源的配置效率和经济效益，绿色资产保值增值活动的维护者才能真正受益。同时，生态经济所提供的产品和服务具备准公共品性质，其受益者有时不能局限于特定群体，具有很大的正外部性。所以，单一市场主体或机制无法实现生态品的有效供给，引入市场机制的公私合作将是不二选择，即发展"政府补贴+企业生产+民众付费"的多元化主体模式，[9] 以及民营经济、集体经济、国有经济及混合所有制经营并存。[10]

对于绿色资产保值增值第二种形式的活动，政府应尽量做到绿色公务公开和信息及时披露，保证公众的知情权、参与权、监督权和表决权。同时，国家层面应把资源消耗、环境损失和环境效益纳入经济发展水平的评价体系和考核指标，发挥政绩考核的"指挥棒"作用，[11] 并在生态保护区实施差异化对待的分类考核制度，迫使和激励地方政府在发展规划、产业政策、消费引导等方面坚持绿色发展理念。

对于绿色资产保值增值第三种形式的活动，在"谁保护、谁受偿""谁受益、谁补偿"的原则下，浙江省11个地级市均制定了生态补偿相关的政策，并具体开展了生态补偿的实践工作，市域覆盖率以及省内八大水系源头地区县

域覆盖率均达到100%。尤以区域生态补偿为工作亮点，例如，金华市以在市区设立"飞地"的模式对磐安县进行异地开发生态补偿，[12] 以及建立浙皖跨省流域生态补偿机制，对新安江上游的安徽省进行跨省生态补偿等。但对于生态区居民而言，当前补偿水平相对于众多的被补偿对象仍然较低，尚不足以给生态保护者提供足够的奖励和激励。因此，还应该继续关注生态补偿、生态奖励、生态付费等新模式、新业态、新趋势，建立着眼于提高补偿水平、多元化补偿、多渠道筹集、差异化补偿的生态补偿体系与机制，[13] 不断激发生态区居民守好"绿水青山"的激情和动力。

对于绿色资产保值增值第四种形式的活动，应通过法治、教育、宣传等手段，将普及生态文化观念作为生态文明建设的重点工作，树立生态价值观念有助于弘扬人与自然和谐相处的价值观、政绩观、消费观，增强人们的生态意识、忧患意识、参与意识和责任意识，形成尊重自然、热爱自然、善待自然的良好氛围，让生态价值、生态文化、生态道德、生态习俗内化于心并外化于行，使每个公民都自觉地投身于维护"金山银山"生态建设的集体自觉行动当中，形成全社会参与生态建设的新局面。

五、总结及展望

以绿色资产保值增值视角解读"两山"理念，"绿水青山"具有生态价值和经济价值双重价值属性，"金山银山"也包括货币体现及非货币体现的多重内涵，"绿水青山"向"金山银山"转化也具有多种形式。虽然只有第一种形

式的转化活动，即发展生态经济是通过市场机制实现的，但市场调节在资源配置中最有效，其真金白银的产出也最直接，所以越来越得到重视。为了推进生态市场经济的发展，党的十八届三中全会提出了健全自然资源资产产权制度的重要决策，中共中央、国务院也于2020年3月30日发布了《关于构建更加完善的要素市场化配置体制机制的意见》。政策的保驾护航使得将自然资源要素纳入经济增长框架成为可能，并促进了要素自主有序流动，以提高生态资源要素配置效率和经济效益。

但同时也应看到，要想完全打通"两山"转化通道，在扩大自然资源要素市场化配置范围、健全自然资源要素市场体系的基础上，应兼顾市场化之外的多种形式的绿色资产保值增值活动，培育和强化多重动力。自然资源部办公厅于2020年4月23日发布的《关于生态产品价值实现典型案例的通知》（第一批），对全国各地生态产品价值实现的主要做法进行了总结。从中不难看出，厘清"两山"转化的动力机制，对于明晰政府与市场的作用边界，更好地发挥政府作用和市场机制尤为重要，唯有如此才能充分激发政府、企业、中介组织、社会团体和社会公众广泛参与生态文明建设的积极性、主动性和创新性，形成全社会的合力，保障中国绿色发展走在世界前列。

参考文献

［1］吴旭平，潘恩荣."两山"理论的制度性实在建构［J］.自然辩证法研究，2017，33（7）：70-75.

［2］尹怀斌.从"余村现象"看"两山"重要思想及其实践［J］.自然辩证法研究，2017，33（7）：65-69.

［3］王会，陈建成，江磊，姜雪梅."绿水青山就是金山银山"的经济含义与实践模式探析［J］.林业经济，2018，40（1）：3-8+43.

［4］习近平.从"两座山"看生态环境［J］.环境经济，2015（Z5）：31.

［5］王会，姜雪梅，陈建成，宋维明."绿水青山"与"金山银山"关系的经济理论解析［J］.中国农村经济，2017（4）：2-12.

［6］埃莉诺·奥斯特罗姆.公共事务的治理之道——集体行动制度的演进［M］.余逊达，陈旭东，译.上海：上海译文出版社，2012.

［7］沈满洪."两山"重要思想在浙江的实践研究［J］.观察与思考，2016（12）：23-30.

［8］黄祖辉."绿水青山"转换为"金山银山"的机制和路径［J］.浙江经济，2017（8）：11-12.

［9］邓新杰.中国农村环境卫生设施的区域差异、健康影响及改善研究［D］.浙江工商大学博士学位论文，2019.

［10］赵德余，朱勤.资源—资产转换逻辑："绿水青山就是金山银山"的一种理论解释［J］.探索与争鸣，2019（6）：101-110+159.

［11］王祖强，刘磊.生态文明建设的机制和路径——浙江践行"两山"重要思想的启示［J］.毛泽东邓小平理论研究，2016（9）：39-44+91-92.

［12］邓新杰.异地扶贫实施案例解剖［J］.中国国情国力，2006（11）：42-44.

［13］黄祖辉，姜霞.以"两山"重要思想引领丘陵山区减贫与发展［J］.农业经济问题，2017，38（8）：4-10+110.

"两山"理念与绿色发展

"两山"理念：浙江践行与深化

□ 黄祖辉

（浙江大学，中国农村发展研究院，杭州，310058）

摘　要：2020年是习近平总书记提出"绿水青山就是金山银山"这一"两山"理念的十五周年。十五年来，"两山"理念不仅深入人心，而且已经成为我国生态文明建设和绿色发展的思想灵魂和行动指南。本文首先阐述"两山"理念内涵与精髓。其次进一步阐述浙江省对"两山"理念的践行与深化。最后从拓宽"绿水青山"发展视野、做大"绿水青山"经济，创新"绿水青山"转化制度、激活绿色发展新动能这两个角度，对"两山"理念践行的深化进行了探讨。

关键词："两山"理念；"两山"转化；浙江践行

一、"两山"理念的精髓

"两山"理念，即2005年8月15日，时任浙江省委书记的习近平同志在浙江安吉余村调研时提出的"绿水青山就是金山银山"的科学论断。在党的十九大报告中，习近平总书记在阐述"坚持人与自然和谐共生"，指出"建设生态文明是中华民族永续发展的千年大计"的同时，进一步强调，"必须树立和践行绿水青山就是金山银山的理念"。"两山"理念的形成与总书记长期在地方工作的经历和实践探索密不可分，从陕西的梁家河到河北的正定，又从福建到浙江一直到上海，整整38年的历程，在中国的西部、中部和东部的山川平原大地上都留下了总书记的工作足迹。应该说，在多种区域、层级齐全，并且跨越不同时代的基层与地方工作的历练与实践探索，是总书记对自然生态及其与经济社会发展关系具有理论与实践相结合，既朴实又深刻的洞见，进而萌发和形成"两山"理念的重要源泉。

"两山"理念是新时代中国特色社会主义思想的重要体现，是总书记治国理政的重要组成。"两山"理念不仅体现了生态文明与生态优先的思想，还体现了绿色发展和可持续发展的信念，是生态优先和绿色发展相互统一的理念。在新时代中国经济社会的转型发展和中华民族的现代化进程中，坚持和践行"两山"理念是我们的行动指南和重要准则。

总书记的"两山"理念具有丰富的内涵。他所指的"绿水青山"还包括冰天雪地、海浪沙滩、蓝天碧云、清新空气、适宜气候等自然生态范畴，是对优良自然生态资源的形象概括；他所指的"金山银山"，不仅是指自然生态本身的价值，而且还指自然生态能够转化成经济与社会的价值。从这一角度讲，"两山"理念至少具有三个相互关联的科学内涵：一是体现了自然生态的重要性；二是揭示了经济发展与生态保护的统一性；三是指出了生态优势向经济优势转化的可行性与必要性。如果将"两山"理念作进一步的拓展与引申，那么，不仅优良的自然生态，而且悠久的人文生态也可以转化为"金山银山"。

为了使广大干部群众对"两山"理念有更好的认识和把握，总书记还通俗化地指出了人们对"绿水青山"和"金山银山"的相互关系往往会有三个阶段的不同认识，大意是，在温饱问题还没有解决的第一个阶段，人们往往是要用"绿水青山"去换"金山银山"，到了温饱问题解决后的第二个阶段，则转变为既要"绿水青山"，又要"金山银山"；而到了小康社会和生活富裕的第三个阶段，很多人就会觉得"绿水青山"本身就是"金山银山"。总书记有

关人类对生态及其与经济发展关系的认识变化的阶段性概况，形象与生动地揭示了人类社会发展进程中生态环境与经济发展关系的演变特征与一般规律。也就是说，在第一阶段，经济发展难免会以环境牺牲为代价；到了第二阶段，经济发展就不宜再以环境牺牲为代价，必须处理好环境保护与经济发展的关系；而到了第三阶段，环境保护与经济发展实际上是相互融合的，经济效益与生态效益可以高度统一。当前，我国环境保护与经济发展的关系，总体上已处在从第二阶段转向第三阶段的过程中，其中，相对发达的地区已进入第三阶段。因此，"两山"理念在我国已具有普遍的适用性和践行价值。

总之，总书记的"两山"理念内涵极其丰富和深刻，其精髓可以概况为三大思维：一是底线思维。即生态环境不能作为发展的代价，也就是不能以牺牲环境来谋求发展，尤其是在温饱问题都已经解决的情况下。二是发展思维。即生态环境本身就是财富，是"金山银山"，保护环境、优化环境与经济发展并不矛盾，尤其在美好生活已成为广大民众普遍追求的情况下。三是转化思维。即"两山"理念内涵了转化思维。正如总书记曾经指出的，要使"绿水青山"成为"金山银山"，关键是要做好"转化"这篇文章，也就是要把资源生态的优势转化为经济社会发展的优势。

要使"绿水青山"成为"金山银山"，或者说将资源生态优势转化为经济发展优势，核心是绿色发展，也就是生态产业化和产业生态化，转化的路径主要包括政府（如购买生态护理与服务等）、社会（如建立生态基金和绿色消

费等）、市场三条路径。其中，通过市场机制实现生态优势转化为经济优势的路径是主要路径，具体又包括两条路径：一是直接路径，主要是针对可直接市场化交易的生态资源，如水资源、碳汇资源等，通过相关产权与交易制度的建立，直接将资源生态价值转化为经济社会价值；二是间接路径，主要是针对难以直接市场化交易的生态资源，如宜人的气候与空气等，通过关联性产业产品与服务在市场交易中的生态溢价，转化资源生态价值为经济社会价值。

二、"两山"理念的浙江践行

浙江是总书记"两山"理念的发源地，"两山"理念为浙江走什么样的发展路子、追求怎么样的发展明确了方向。十五年来，浙江始终坚持"两山"理念不动摇，践行"两山"理念重实效。从"千村示范、万村整治"到"高效生态、绿色发展"；从"美丽乡村"到"美丽经济"；从"绿色浙江"到"诗画浙江"；从实施"811"环境整治行动和循环经济"991行动计划"到实施转型升级"组合拳"（"三改一拆"、"五水共治"、全域土地整治）；从湖州成为"全国首个地市级生态文明先行示范区"，到杭州、湖州、丽水入选"第一批国家生态文明先行示范区"等，无不体现了浙江对"两山"理念的坚定践行和共识所在。浙江践行"两山"理念的行动轨迹表明，浙江对"两山"关系的认识和把握，总体上已到了总书记所说的"第三阶段"。

十五年来，浙江在"两山"理念的践行过程中，形成了三种各具特色的绿色发展模式。

一是城乡融合的绿色提升模式；二是优势后发的绿色跨越模式；三是治理倒逼的绿色重振模式。城乡融合的绿色提升模式的基本特点是"创新领动，城乡联动和提升发展"，主要集中在杭嘉湖地区和宁绍地区。这些地区生态环境和经济发展基础相对较好，城乡经济相对融合，创新能力比较强，绿色发展呈现出提升提质的良好势头。优势后发的绿色跨越模式的基本特点是"绿色领动，优势转化和跨越发展"，主要集中在浙西南的丽水、衢州地区。这些地区是浙江传统的欠发达地区，但资源生态环境比较好，随着基础设施的改善，后发优势明显，呈现了强劲的绿色跨越式发展态势。治理倒逼的绿色重振模式的基本特点是"整治领动、结构调适和重振发展"，主要集中在金、台、温地区。这些地区民营经济活跃，但产业层次相对不高，生态环境压力明显，经过一系列壮士断腕式的环境整治和产业结构转型，呈现了绿色再现和重振的发展格局。

在"两山"理念的践行中，浙江根据自身区域经济和资源禀赋的特点，正在逐步形成绿色发展的新格局。一是以省会城市杭州为核心的中心区块，充分发挥区域中心城市和丰富旅游资源高度融合的独特优势，致力于打造世界级水平和长三角"两山"经济发展高地和浙江绿色发展龙头。二是以丽水、衢州、金华为核心的浙西南丘陵山区，充分发挥自然生态资源禀赋丰裕的独特优势，潜心打造集高效生态农业、休闲旅游养生、田园生态城镇为一体的长三角丘陵山区绿色发展胜地和国内同类地区的示范区。三是以宁波、舟山、温州、台州为核心的沿海地区，充分发挥陆海相连的资源环境优势和中小企业、民营经济的发展活力，着力打造具有"陆海发展联动、一二三产联动、转型升级联动"特色的我国东部沿海绿色发展长廊。四是以嘉兴、湖州、绍兴为代表的水网平原地区，充分发挥江南山水相依、鱼米之乡、城乡融洽的特色优势，同时紧密连接和依托上海和杭州，全力打造具有典型江南景观与文化传统、城乡高度融合的我国江南水网平原地带绿色发展区块和美丽乡村升级版。

2017年6月，浙江省第十四次党代会进一步提出，要将整个浙江作为"大花园"来建设，使浙江山水与城乡融为一体、自然与文化相得益彰。推出了推进全域有机更新，打造"千万工程"升级版，建设诗画浙江"大花园"的决策部署，让总书记的"两山"理念和生态文明思想在浙江大地生根开花。建设诗画浙江"大花园"的目的是要全方位实现绿色发展、推动高质量发展，让绿色成为高质量发展的普遍形态，让绿色经济成为浙江经济新的增长点，让绿色发展成为全省人民的自觉行动。诗画浙江"大花园"将充分体现"五个高"：一是高质量建设"诗画浙江"。具体体现为"四个坚持"，即坚持保护为先；坚持攻坚为重；坚持美丽为基；坚持文化为魂。二是高水平发展绿色产业。具体体现为"四个一批"，即打造一批生态产业平台；培育一批生态龙头企业；建设一批生态产业项目；提升一批优质生态产品品牌。三是高标准推进全域旅游。重点是依托山上资源，发掘人文资源，打造以水为纽带的四条黄金旅游线路和以山为依托的十大名山公园。四是高起点打造现代交通。包括：加快建设大型国际客运枢纽；加快建设2万公里美丽经济交通走廊；加快建设1

万里骑行绿道网。五是高品质创造美好生活。主要体现为"五个养"。即：青山碧海"养眼"；蓝天清风"养肺"；净水美食"养胃"；崇文尚学"养脑"；诗意栖居"养心"。

三、"两山"理念践行的深化

浙江践行"两山"理念十五年来的生动实践进一步表明，总书记的"两山"理念内涵深刻，博大精深，具有极强的理论与现实指导价值。实践中，我们应在绿色发展中不断深化"两山"理念的践行。

（一）进一步拓宽"绿水青山"发展视野，做大"绿水青山"业态

首先是要做好"转化"这篇文章。一方面，要立足"绿水青山"这一资源本底，做好直接转化这篇文章；另一方面，又要跳出"绿水青山"资源与空间的局限，充分发挥"绿水青山"的溢出效应与带动效应，有效发挥政府与市场机制的作用，做好间接转化这篇文章，以做大"绿水青山"业态，做优、做强绿色经济，使"绿水青山"产生更大、更好、更优的"金山银山"效应。

其次是要发展好"绿水青山"两类产业：一类是"绿水青山"的内生性产业。这类产业是内生于"绿水青山"的，是以"绿水青山"为本底的产业或经济活动，如林下经济、生态旅游、生态养生等产业。另一类是"绿水青山"的外生性产业。这类产业是外生于"绿水青山"但以"绿水青山"为依托的关联和配套的产业，如相关的基础设施、服务业、物流业、地产业、金融业和田园生态城镇的发展等。要做大"绿水青山"业态，关键是要做好"绿水青山"外生性产业。

最后是要活化"绿水青山"的经营理念。产业生态化和生态产业化是一种理念。"绿水青山"难以搬迁，如何将"绿水青山"从"生产地"市场转化为"消费地"市场也是一种理念。推行生态认证、地理标志认证、碳汇交易等制度，转化"绿水青山"价值，又是一种理念。将生态化、绿色化与品牌化相结合，提升"绿水青山"附加值以及倡导绿色消费，都是活化"绿水青山"的经营理念。

（二）进一步创新"绿水青山"转化制度，激活绿色发展新动能

一是创新"绿水青山"养护制度。要建立合理性、多元化、多渠道、差异化的资源生态养护与补偿体系。要创新政府资源生态养护补偿的支付方式，增强产业扶持型、技术支持型和人才培训型的转移支付。同时，也要高度重视社会组织和个人在资源生态养护和补偿体系中的作用。例如，建立碳基金制度和绿色消费支付基金，将筹集的资金用于各类资源生态养护的补偿和支持绿色产业与技术的发展。

二是创新"绿水青山"产权制度。要进一步深化农村土地和林权产权制度的改革，探索集体和农民混合所有的产权改革思路。同时，应推进其他资源生态产权制度的改革，对于某些难以或不宜确权到人或户的"绿水青山"资源，也可以探索分权化和地方化的改革思路，将资源生态产权或配额，确权到相应的地方或地方联盟，同时建立和完善相关资源生态的规章制度，以既防止对资源生态产权主体的侵权行为，又避免产权拥有者和使用者对资源生态产权滥用所导致的负外部性。

三是创新"绿水青山"交易制度。在解决权属和权能的确权基础上，亟须建立资源生态产权和生态配额的市场交易体系与制度。要在建立和完善各类土地（农地、林地、草地、山地）产权市场交易体系的同时，探索建立其他资源生态产权交易体系和市场，如水权交易体系和市场；碳汇交易体系和市场；森林覆盖率配额交易体系和市场；生态标志认证体系和标志产品交易体系与市场。

四是创新绿色发展引导机制。应建立与完善多维度的绿色发展激励与约束机制，进一步强化生态环境问责制度。要将生态环境治理约束、企业进入门槛约束、产业转型升级约束、社会消费行为约束以及绿色发展考核约束这五个方面的约束制度化，形成多方位约束合力与绿色发展激励相兼容的体制机制，营造"绿水青山"高效转化与绿色发展的良好环境，以促成企业发展动能转换，追求绿色发展。政府评价导向转换，致力绿色导向；民众消费行为转换，崇尚绿色消费。

五是创新绿色发展共享机制。不仅要引导、鼓励和支持企业、社会团体和广大民众积极融入"绿水青山"转化与绿色发展的进程，而且还要建立"绿水青山"转化与绿色发展的"共创、共享、共富"相融机制，使"绿水青山"转化成绿色发展的"金山银山"能为普通民众共享，尤其是能为"绿水青山"区域的普通民众共享。因此，在"绿水青山"转化与绿色发展的过程中，应重视资源生态产权制度与管理制度以及相关政策设计的益贫性和公平性。要用好政府产业政策和公共政策的杠杆，促使绿色发展对普通民众具有包容性。要引导企业和农民合作组织带动小农发展，实现小农户、贫困群体与绿色发展的有机衔接和共富发展。

参考文献

[1] 习近平. 决胜全面建成小康社会　夺取新时代中国特色社会主义伟大胜利——在中国共产党第十九次全国代表大会上的报告［EB/OL］. 新华网，http://www.xinhuanet.com/politics/19cpcnc/2017 － 10/27/c＿1121867529.htm，2017-10-27.

[2] 习近平. 推动我国生态文明建设迈上新台阶［EB/OL］. 求是网，http://www.qstheory.cn/dukan/qs/2019-01/31/c_1124054331.htm，2019-01-31.

[3] 习近平. 之江新语［M］. 杭州：浙江人民出版社，2007.

[4] 袁家军. 深入践行习近平生态文明思想，加快建设"诗画浙江"大花园［EB/OL］. 求是网，http://www.qstheory.cn/dukan/qs/2018－09/01/c＿1123362661.htm，2018-09-01.

[5] 黄祖辉. "绿水青山"转换为"金山银山"的机制与路径［J］. 浙江经济，2017（8）：11-12.

[6] 黄祖辉. "两山"思想体现生态文明发展精髓［N］. 中国教育报，2017-09-07.

[7] 黄祖辉. 践行"两山"思想，重在路径设计［N］. 农民日报，2017-09-15.

"两山"理念引领下浙江生态省建设战略研究

□ 唐洪雷 肖汉杰 刘 剑

（湖州师范学院，经济管理学院，湖州，313000）

摘 要："绿水青山就是金山银山"，从经济学角度看，生态省的建设，核心就是发展绿色经济。因此，浙江省应坚定不移按照习近平总书记的"两山"理念发展要求，不断强化绿色发展理念，搞好顶层设计，以生态制度推进经济发展；加强绿色文化宣传教育，形成政府、企业和社会的共识；构建以绿色资源禀赋为核心符号的全产业链，实施创新驱动，推进生态技术的创新与研发，不断推动生态省的建设工作，促进经济的绿色持续发展。

关键词："两山"理念；可持续发展；生态建设

从经济发展角度看，绿水青山就是金山银山，其核心是发展绿色经济。从现实来看，推进生态省建设，加强绿色经济发展，既是转变经济社会发展方式、贯彻落实生态文明建设和新发展理念的现实举措，也是新时代经济社会高质量发展的重要途径。

一、浙江生态省建设的现状

（一）经济稳步增长，为生态省建设提供持续动力

浙江经济近几年持续稳定增长，地区国民生产总值从 2014 年的 40173 亿元上升到 2019 年的 62352 亿元，尤其是 2019 年，按照常住人口计算，人均地区生产总值为107624 元，增长 5.0%，经济持续高速增长。同时，第三产业开始成为经济增长的重要动力，其近十年的增速一直在 7% 以上，2019 年的三次产业增加值的增长结构比为3.4：42.6：54.0，全省居民人均可支配收入中位数为 44176 元，比 2018 年增加 4091

元，增长 10.2%。低收入农户人均可支配收入增长 13.1%。[①] 为浙江推进生态省建设提供了直接动力。

（二）三次产业基础厚实，为生态省建设提供重要支撑

第一产业农业基础厚实，现代化程度较高。截至 2019 年，浙江省农业增加值 2097 亿元，农村居民人均可支配收入 29876 元，比 2018 年增加 2574 元，同比名义增长 9.4%，扣除价格上涨因素后实际增长 6.0%。农业与二三产业的融合优势渐趋显著。

工业企业的转型升级步伐不断加快。为促进粗放型经济发展模式向集约型转变，浙江省加速淘汰工业落后产能，深化节能减排计划。2019 年，浙江省高新技术产业增加值 3393.38 亿元，同比增长 10.5%，增速比规模以上工业高 2.3 个百分点，对规模以上工业增长贡献率为 61.2%。全省高新技术产业新产品产值 8065.71 亿元，同比增长 15.7%，增速比规模以上工业高 0.37 个百分点。

服务业的经济拉动作用不断增强，逐渐成为推进全省农业现代化、新型工业化、城镇化协调发展的重要着力点。近年来，服务业发展规模、效益和结构不断得到提升优化。2019 年，浙江省服务业的增加值为 33688 亿元，增长 7.8%，对经济增长的贡献率超过 60%。

（三）资源环境利用效率不断提升，生态环境持续改善

浙江有着丰富的自然资源，为经济发展奠定了坚实的基础。2014~2019 年，浙江省六大高耗能行业单位规模工业增加值能耗年平均下降 6.8%。2019 年，浙江城市（县城）污水排放量 38.3 亿立方米，比 2018 年增长 2.7%；污水处理量为 37.0 亿立方米，增长 3.7%；污水处理率 96.48%，比 2018 年提高 0.85 个百分点。2019 年规模以上工业企业能源消费量比上年增长 3.3%，单位工业增加值能耗下降 3.1%。其中，千吨以上和重点监测用能企业能源消费量分别增长 2.0% 和 2.5%，单位工业增加值能耗分别下降 3.3% 和 3.5%。

二、浙江生态省建设所面临的问题和不足

（一）人口资源环境矛盾比较突出，绿色观念"最大公约数"仍需强化

2014~2019 年，浙江省主要污染物化学需氧量、二氧化硫、氨氮和氮氧化物排放量年均分别削减 3.6%、4.6%、2.5% 和 6.3%。资源节约、环境友好的经济建设虽然取得了很大成效，但由于浙江人口基数大，资源环境的承载压力仍然较大，低碳生活、绿色出行、保护环境等绿色发展观念的深入人心仍有很长的路要走。

（二）绿色产业体系未成规模，传统产业转型升级和新兴产业培育壮大破立两难

一是传统产业转型难。当今世界经济形势总体低迷难振，大宗商品需求有减无增，而原本具有比较优势的初级生产要素却渐显颓势，先

[①] 《中华人民共和国 2020 年国民经济和社会发展统计公报》。

进科技、专业人才等现代生产要素还不足以支持传统产业提速发展，对于担当传统产业结构向生态化转型的重任力所不及。二是新兴产业发展难。总体发展略显不足，尽管近年来浙江产业发展所需的科技创新、资金和人才投入等核心支撑要素取得了较大成绩，但是与世界上发达城市和欧美地区相比仍有着不小的差距。

（三）政策红利效应不明显，制度创新和政策落实仍需加强

秉承绿色发展理念，浙江以发展循环经济、低碳经济和绿色经济为突破口，逐步淘汰高能耗和低效率产业，重点发展优势产能，并积极推动节能环保的战略性新兴产业的发展，以期促进产业结构的优化和调整。然而，浙江在产业发展政策的落实过程中，仍旧面临着两大困境：一是浙江生态产业间的耦合性和关联性并未得到充分发挥，科技型、创新型的龙头生态产业与其上下游产业及关联产业发展程度并不完全匹配，未能发挥其应有的关联效应和带动作用；二是生态产业发展的动力略显不足，价值链在从中低端向中高端提升的过程中驱动不足。总体来看，当前浙江在促进传统高能耗、低附加值产业转型成为高新技术产业的过程，会逐渐进入产业转型阵痛期，难免会带来一系列的困难和考验。例如，技术创新能力的培养意识和品牌价值的构建意识稍显淡薄，研发、设计、服务等环节的投入力度尚需加强，人才、技术、先进经验的引进与累积在时间和强度上需要强化等。

三、浙江生态省建设的思路与对策

（一）强化绿色发展理念，搞好顶层设计

首先，从整体来看，浙江生态环境的基础较好，近些年来凭借着"两山"理念的实践经验，在生态省建设上还是先人一步的，但地方各级党政领导还应在决策层面进一步强化绿色发展的思维，编制落实好相关的节点性整体规划，在政策的顶层设计上推动资源性产品价格改革、产业准入退出提升、排污权交易等重点改革，着力于创优势，探索"两山"理念引领下的生态产业化和产业生态化的试点工作，依据省情实际集中打好水污染、土壤污染、大气污染防治攻坚战，建设浙江特色的美丽乡村。

其次，在制度供给层面，要把生态文明建设融入到经济、政治、文化和社会建设的各方面和全过程，协同推进新型工业化、农业现代化、城镇化、信息化和生态化同步发展的制度布局，继续深化对影响绿色化发展的价格、财税、金融等经济政策的落实完善，建立合理的绿色化改造绩效评估与事后责任追究制度，推动经济向绿色化长效转型升级。例如，对于"五水共治"的综合治理，就需要落实好长效治理责任，将治理和监督任务系统化、常态化。同时，结合浙江生态经济发展现状和关键制约，找准浙江生态经济的前进方向，协同发展三次产业，引导各类新兴产业向创意化、集群化和低碳化转变。

最后，按照浙江不同区域、不同产业结构

的环境容量、发展阶段来制定地区生态经济发展计划，落实好总书记在浙江工作时提出的"绿水青山就是金山银山"的"两山"理念，以资源集约、环境友好为导向，培育引导一批技术引领、模式新颖、市场竞争力强的新兴业态企业，补齐绿色经济发展短板，促进三次产业的健康发展，把绿水青山建得更美，把金山银山做得更大，让绿色成为浙江发展最动人的色彩。

（二）加强宣传，形成政府、企业、社会共识共为

生态省的建设需要全民参与，因此宣传教育非常重要。要让绿色发展理念深入人心，通过"宣传教导、理念疏导、舆论引导"的方法，规范、激励和构建起民众的绿色发展意识，进而形成政府、企业、社会的共识共为。

首先，要用好广播电视、报纸杂志、互联网、微信微博等各类大众传媒手段，借助《浙江卫视》《浙江日报》等"浙江蓝"的宣传力量，以老百姓喜闻乐见的方式，对生态文明知识、资源节约和节能减排典型案例进行全方位的普及，为绿色发展营造良好的舆论环境，让全社会能够自觉树立起人与自然的和谐观、循环利用的资源观、勤俭节约的消费观。

其次，通过教育的方式传播绿色发展理念，针对特定人群实行不同层次的教育。例如，在全省各级企事业单位可以定期开展绿色经济讲座，在大中小学校则以环保和绿色发展理念等方面的情感教育为主，引导广大青少年学生树立正确的环境保护价值观；借助各类培训班、研讨班的举办，全面系统地培训技术、管理和科研人员对绿色经济发展的相关认知，壮大专

业人才队伍；借助互联网的信息渠道优势，开发一些关于绿色经济方面的APP和小程序软件，为公众提供一些最基本的环保常识，从而增强全社会的节能减排降碳的责任感与紧迫感，帮助全民形成良好的环境公共道德，增强公众对企业单位环保监督的自觉心理。

（三）构建以绿色资源禀赋为核心符号的全产业链

绿色产业体系的构建重点在于三大产业的有机融合和升级调整，具体要将生态内涵融入当前及未来的产业机构布局之中，实现经济的绿色发展，促进浙江生态省的建设。浙江首先要从农业现代化、绿色化开始。浙江的耕地资源比较紧张，因此传统农业生产方式的转型势在必行。首先要因地制宜划分农业发展的不同片区，在浙北的杭嘉湖平原地区适当发展生态农业、精细农业，推广农业适度化规模经营模式，通过提高土地产出率来增加农产品附加值，打响绿色、有机农业招牌；在金华、丽水等地区则积极开展旅游农业、山地观光农业的试点改革，推进第一、第三产业的加速融合。其次要实现农业生产的绿色化，尽可能降低因过量施用化肥、农药和地膜带来的水体、土壤污染，实现标准化、集约化的农业生产流程改造；重视农业科技成果的积极转化，加速技术推广和实践，鼓励农产品加强无公害、绿色、有机食品认证，从需求端拉动绿色农业产品的生产；通过完善农村经济合作组织的培育建设，实现农业的规模化发展；进一步拓展农业的多种功能，鼓励发展生态农业、有机农业，实现农业比较收益的提高。构建以绿色资源禀赋为核心符号的全产业链，推进浙江生态省建设。

创新是发展的第一要义，对工业部门来说，要着力推进新兴工业化进程。首先，要以关键领域和优势项目推进绿色智造和生态品牌的发展。应重视对规模以上工业企业研发投入的可持续性增长，充分发挥政府资金对社会科技投入的引导作用，促进企业研发经费投入总量稳居在全国前五的规模。地方各级政府及相关部门应努力增加政府资金占企业研发经费内部支出的比重，实现相对落后地区所要求的政府资金的"杠杆效应"，同时争取国家层面重大科技项目和工程在浙江的战略布局，通过财政、税收和政府采购等手段，营造有利于加大企业研发投入的政策环境，以此来促进企业自主创新能力的提高。其次，重点支持绿色环保行业，改造升级传统高污染行业，抓紧对落后产能进行淘汰，推动产业集约集聚发展。举全省之力打造绿色循环经济的先行示范区，用资源利用效率锐减的压力倒逼产业的转型，关停和转型一批粗放型企业。将新兴产业"高大上"化，将传统产业培育成为新常态下的新的增长点，建设好天蓝地绿、水清土净的生态省。

在现代服务业的体系建设中，也要注重将绿色、创新理念融入其中，实现传统服务业向生产性服务业的转型。发展服务业不仅能够促进产业结构的优化，而且能更好地拉动农业与工业的发展，拓宽绿色发展的空间，创造更多潜在的绿色品牌和价值。因此，要以新技术、新管理改造传统服务业，提升现有企业的竞争力和组织化水平，鼓励有条件的企业通过兼并重组的措施，做大做强以金融服务、信息服务、现代物流为代表的生产性服务业，以更好地推动绿色产业的发展。另外，要以贷款、税收优惠的政策手段，支持"高、精、尖"及战略性新兴产业的持续健康发展，借助政策优势动能拉动工业的转型升级，推动产业的节能减排，形成区域未来经济增长潜力的新引擎。

（四）改革体制机制，加强保障

绿色经济发展不仅需要"看不见的手"，更需要"看得见的手"进行调控，绿色经济建设涉及的不只是经济模式转变的问题，更覆盖了包括发展理念、政府职能和社会各方面体制机制在内的相关领域的侧重调整，这些都需要政府发挥作用，通过相关企业的实施作为，促成社会高参与度的全方位生态经济格局。在制度体系层面，应对绿色发展机制进行规划完善和改革创新，引入自然资源定价机制和企业生态破坏的恢复责任制度，按照"谁污染谁治理"的原则对生态权责进行匹配，如在浙北太湖区域水环境的综合整治上，可以借鉴国内先进做法，构建水环境保护的联防联控机制。在产业布局方面，应集中规划和区分城市带、产业带和开放带，以促成经济圈和生态圈的深度融合，促进生产要素和生态资源的良性流动和循环，形成独具特色、产业配套的生态化城市集群。

"两山"理念下浙江乡村生态治理评价及提升对策研究*

□ 付洪良

（湖州师范学院，经济管理学院，湖州，313000）

　　摘　要：乡村生态环境治理是践行"两山"理念的内在要求。通过推动"千万工程"，浙江乡村生态治理取得了良好效果，但各地发展并不均衡也不充分。本文构建乡村生态治理指标体系，测算了浙江各地乡村生态治理水平，探究治理水平差异存在的主要原因。研究表明，浙江乡村生态治理具有阶段性特征；丽水和金华在乡村生态环境质量和生态环境保护方面表现优异，乡村生态治理效果总体表现良好，而舟山和嘉兴乡村生态治理效果表现较差，其中，湖州在乡村生态环境治理方面表现最好；自然生态禀赋对乡村生态环境质量和环境保护指标具有决定性作用，而资金投入影响生态环境治理水平。本文还就提升生态治理效果给出建议。

　　关键词："两山"理念；乡村生态治理；生态环境；对策

一、引言

　　"绿色青山就是金山银山"的发展理念具有重要的时代价值，乡村生态环境治理是践行"两山"理念的内在要求。乡村生态环境治理是建设生态宜居美丽乡村的重要内容，也是实施乡村振兴战略的基础（于法稳，2019）。为此，党的十九大报告中强调开展农村人居环境整治行动。2018年，中共中央办公厅、国务院办公厅印发了《农村人居环境整治三年行动方案》，明确了农村环境治理任务和要求。2019年3月，国家多部委联合发文，要求全国各地结合实际，学习浙江经验。由此，我国乡村生态

---

　　* 作者简介：付洪良，江西黎川人，博士，副教授，主要从事农业和生态经济等方面的研究。E-mail：mrfhl@126.com。

环境治理由点到面全面展开。

浙江农村人居环境治理走在全国前列。自2003年开始，浙江已经持续16年推进"千村示范、万村整治"工程（以下简称"千万工程"），实现了乡村生态治理与生态产业的协同发展，获得国内外众多荣誉。虽然浙江乡村生态治理取得了良好效果，但各地发展并不均衡也不充分。因此，研究浙江乡村生态治理经验、评价乡村生态治理效果与影响因素，并提出深化乡村生态治理的建议，有助于浙江夯实"两山"转化基础，继续成为践行"两山"理念的"模范生"。

二、"两山"理念下浙江乡村生态治理的演变

2003年，时任浙江省委书记的习近平同志适时提出"绿色浙江""生态省建设"的发展战略，以乡村环境治理为突破口，提出"千村示范、万村整治"工程。自此，浙江开启了改善乡村人居生活环境和自然生态环境的大行动。起初仅以整治村庄人居环境为目标，但随着该工程的深入，以及溢出效应的产生，整治对象扩展到整个乡村的"生产、生活、生态"环境，形成了改善乡村人居生态环境、治理乡村自然生态环境以及提升乡村生态环境三个阶段。在整个治理过程中，虽然治理对象时有交织，但仍呈现阶段性的治理重点。

一是改善乡村人居生态环境阶段。该阶段的目标是对浙江省1/4，即10000个左右行政村进行人居环境整治，并建设十分之一，即1000个左右的示范村，即所谓的"千万工程"。采取措施主要分为两个阶段：首先是实施乡村道路硬化、村庄进行绿化美化，垃圾定点定期收集，乡村厕所改造新建、河沟清淤等；其次是实施生活污水处理，畜禽粪便集中处理以及农房改造等。当前改善乡村人居环境的重点工作是实施农村生活垃圾分类和历史文化村落保护与开发，这有助于进一步深化和提升乡村人居环境品质水平。2003～2019年，浙江新改建农村公路9万千米，农村交通总体水平居全国前列，全省乡村全部实现生活垃圾集中处理，规划保留村生活污水全部治理，卫生厕所覆盖率为98.6%，畜禽粪污处理比率为97%[①]。现今乡村人居环境优美、生态宜居，村容村貌发生深刻变化，造就了万千精美乡村。

二是治理乡村自然生态环境阶段。在乡村人居环境逐渐改善过程中，逐渐溢出乡村生态产业，为乡村发展注入经济动力。于是，浙江进一步有计划有步骤地推动乡村自然生态环境治理行动，将单点式的村庄整治扩大到乡村"三生"环境的治理。该阶段先后启动了一系列自然生态环境治理行动：推动治污水、防洪水、排涝水、保供水、抓节水的"五水共治"行动；推动在公路边、铁路边、河边、山边等区域开展洁化、绿化、美化的"四边三化"行动；推动清理河道、清洁乡村的"双清"行动以及乡村环境全面整治等。同时，浙江还大力推动美丽河湖建设，巩固提升农村劣V类水剿灭成

---

① 浙江省农业农村厅。

果；继续推进美丽城镇、美丽河湖、美丽田园、美丽渔场、森林公园、湿地公园等建设行动。通过乡村自然生态环境治理，把一个个精美乡村"盆景"连成一道道"风景"，整个乡村生态环境建设大变样，美丽乡村建设已显成效。

三是全面提升乡村生态环境阶段。浙江践行"绿水青山就是金山银山"的发展方式产生了良好的经济效应和社会效应，村民生态意识和习惯发生根据转变，乡村发展思路发生了显著转变，即通过改善生态环境，发展生态产业，使生态优势转变为产业优势，助推早日实现乡村振兴。因此，早在2016年，浙江就制定了《浙江省深化美丽乡村建设行动计划（2016 - 2020年）》，该行动计划将在浙江农村实行全域规划、全域提升、全域建设、全域管理；2019年，浙江提出提升全域乡村生态环境质量，加强乡村规划，进一步改善乡村人居环境质量，深化乡村环境综合整治，推进实施"区域环评+环境标准"措施，率先建立乡村人居生态环境和自然生态环境建设治理能力现代化，实现浙江乡村生态环境的全面升级。

三、浙江乡村生态治理
效果评价

（一）指标和数据说明

本文根据中共中央办公厅、国务院办公厅印发的《生态文明建设目标评价考核办法》和国家发展改革委、国家统计局、环境保护部、中央组织部制定的《绿色发展指标体系》和《生态文明建设考核目标体系》文件，利用2016~2018年浙江省11个地市和89个县市区

的绿色发展指数开展研究。该绿色发展指数包括7个一级指标和56个二级指标，一级指标分别为：资源利用、环境治理、环境质量、生态保护、增长质量、绿色生活和公众满意程度。为了能够体现乡村生态环境的静态状况和动态变化以及便于比较，本文选取52个县市（县和县级市）绿色发展指数，同时结合各二级指标所涉及对象，认为乡村生态治理指标体系可由乡村生态环境质量、生态环境治理和生态环境保护3个一级指标和28个二级指标组成。对指标体系的处理可参考浙江省生态文明建设年度评价的相关说明。

为突出生态环境治理的重要性，对乡村生态环境质量、环境治理和生态保护3个一级指标分别赋予30%、40%、30%的权重，然后加权平均，获得乡村生态治理指数。以浙江生态文明建设绿色发展指数为基础，测算出2016~2018年浙江乡村生态治理指数。

（二）乡村生态治理指数测算

1. 市级生态治理指数

以各地市为对象，计算得到2016~2018年浙江11个地市的乡村生态治理指数水平和排名（见表1）。为有效比较，此处取2016~2018年各地市乡村生态治理指数的平均值。丽水在2016年和2018年居首位，2017年排名第二；金华2016年和2018年排名第二，2017年排名第三；台州2016~2017年位列第四，2018年上升1位，位居第三；湖州生态治理效果逐渐提升，由2016年的第七名上升到2017年的第五名，再到2018年的第四名；衢州的排名有所波动，由2016年的第三名下降到2017年的第七名，2018年上升到第五名。绍兴以每年1个位

次的速度下降；温州的排名变化不大。杭州生态治理指数波动最大，2016 年和 2018 年排名第八，2017 年则位列第一。而宁波、舟山和嘉兴分别稳定占据最后三席，即第九、第十和第十一。2016~2018 年，生态治理指数最高的丽水、杭州和最低的嘉兴分别相差 7.28、5.89 和 6.87，表明各地市乡村生态治理水平相差较大且差距相对稳定。

表 1　2016~2018 年浙江市级乡村生态治理指数水平与排名

名次	2016 年		2017 年		2018 年	
	地市	指数水平	地市	指数水平	地市	指数水平
1	丽水	82.58	杭州	81.16	丽水	80.95
2	金华	81.61	丽水	80.97	金华	79.89
3	衢州	81.19	金华	80.64	台州	79.44
4	台州	80.67	台州	80.00	湖州	79.20
5	绍兴	80.50	湖州	79.74	衢州	79.08
6	温州	80.32	绍兴	79.60	温州	78.98
7	湖州	80.18	衢州	79.40	绍兴	78.89
8	杭州	79.38	温州	79.33	杭州	78.14
9	宁波	78.24	宁波	78.61	宁波	76.96
10	舟山	77.30	舟山	77.80	舟山	75.77
11	嘉兴	75.30	嘉兴	75.27	嘉兴	74.08

2. 县级生态治理指数

因政府部门重视和发展乡村生态产业本身具有多重效应，各地在乡村生态治理中你追我赶、竞争激烈。如表 2 所示，2016~2018 年，在浙江乡村生态治理指数水平前 10 位的县市中，表现最好的两个县市分别是庆元和龙泉，三年都位居前十，庆元从 2016 年的第五位上升到 2018 年的第二位，龙泉由 2016 年的第九位上升到 2018 年的第四位。磐安在 2016 年和 2017 年均位列第二，在 2018 年跌出前十，位居第 13 位。安吉在 2016 年和 2017 年年均位居前十，2018 年则位居第 11；天台表现良好，2016 年和 2018 年都位居前十，而 2017 年位列第 19 位；波动特别大的是曾在 2016 年高居第 1 位的浦江，在 2017 年和 2018 年下降为第 11 位和第

21 位。桐庐在前两年表现良好，位居前十，但在 2018 年则猛跌至第 35 位。总体而言，舟山和嘉兴的县市乡村生态治理表现最差，无县市上榜。

在 2016~2018 年浙江省治理效果表现靠后的 10 个县市中，嘉善分别排第 5、第 7、第 9，可以认为嘉兴各县市乡村生态治理效果整体表现较差，治理任务最为艰巨（见表 3）。岱山一直徘徊在后 10 位中，嵊泗也在 2018 年上榜。宁波的余姚和慈溪也排后 10 位，且慈溪连续在浙江省县市乡村生态治理排名中垫底，面临着较大的生态治理压力。温州的乐清和瑞安分别上榜两次，其乡村生态环境治理效果也有待提升。台州市温岭在 2016 年中进入全省后 10 位内，其他县市表现良好。

表2　2016～2018年浙江乡村生态治理指数水平前10位的县市

名次	2016年		2017年		2018年	
	县市	指数水平	县市	指数水平	县市	指数水平
1	浦江	85.82	云和	87.13	景宁	85.04
2	磐安	85.79	磐安	83.92	庆元	83.22
3	安吉	83.40	仙居	83.45	云和	82.38
4	新昌	83.19	庆元	83.20	龙泉	82.06
5	庆元	83.13	临海	82.99	开化	81.36
6	桐庐	82.98	安吉	82.35	缙云	81.09
7	象山	82.62	龙泉	82.29	遂昌	81.06
8	江山	82.54	松阳	82.12	天台	80.94
9	龙泉	82.12	桐庐	81.60	泰顺	80.92
10	天台	82.05	宁海	81.48	松阳	80.82

表3　2016～2018年浙江乡村生态治理指数后10位的县市

名次	2016年		2017年		2018年	
	县市	指数水平	县市	指数水平	县市	指数水平
1	温岭	76.15	乐清	77.55	余姚	76.88
2	海盐	75.75	余姚	77.49	嵊泗	76.12
3	岱山	75.73	桐乡	76.55	乐清	75.58
4	余姚	75.63	瑞安	76.51	海宁	75.44
5	嘉善	75.58	海宁	76.39	岱山	75.27
6	瑞安	74.37	岱山	75.44	海盐	74.63
7	桐乡	73.73	嘉善	75.27	平湖	74.41
8	平湖	73.41	温岭	75.24	桐乡	74.09
9	海宁	72.69	平湖	74.86	嘉善	73.28
10	慈溪	72.41	慈溪	72.89	慈溪	73.28

四、浙江乡村生态治理效果差异的影响因素

乡村生态治理是个系统性工程，治理效果取决于众多影响因素。从上述治理指数评价看，浙江乡村生态治理效果差异的直接原因是各地不同的生态环境质量、治理与保护水平。因此，下面以乡村生态治理指标体系为对象，考察乡村生态环境质量、环境治理和环境保护3个一级指标①，探究浙江乡村生态治理效果差异的影响因素。

---

① 生态环境质量指数、生态环境治理指数以及生态环境保护指数取近三年相应指数的平均值。

（一）乡村生态环境质量的影响

浙江"七山一水二分田"，东北部平原水乡、西部山区、东南部海岛滩涂，乡村生态环境质量差异显著，同样的付出，其治理效果可能就存在较大差异。如表4所示，在浙江省52个县市中，生态环境质量指数呈现出西部高、平原和沿海较低的地理特点，排名靠前的大多是西部县市，而排名靠后的基本都是平原水乡或者沿海县市。缙云的生态环境质量指数为95.01，全省最高，这与其生态环境紧密相关。缙云"八山一水一分田"，地势自东向西北倾斜，山地和丘陵约占其总面积的80%，故而生态环境良好。而慈溪生态环境质量指数仅为79.43，全省最低。慈溪地势南高北低，呈丘陵、平原、滩涂三级台阶状，在空气质量、水质以及近岸海域水质等指标均得分较低。浙江生态环境质量指数最高的缙云和最低的慈溪两

者相差约15分，在其他指标相差较小的条件下，这反映出生态环境禀赋对乡村生态环境质量的重要性，良好的生态环境，意味着较高的生态环境质量，生态环境质量指数水平也更高。

比较发现，浙江省各地市乡村生态治理效果存在较大差异，表5以各地市乡村生态治理指数水平为基准，列出了各市域乡村生态治理指数较高的县市。丽水是上榜县市最多的地级市，庆云和龙泉表现特别出色。台州市的天台、仙居和临海3个县市的乡村生态治理效果较好。杭州市的桐庐和建德的乡村生态治理效果要好于淳安，宁海在宁波各县市中乡村生态治理效果最佳，泰顺是温州众多县市中生态治理效果最好的，绍兴新昌和嵊州治理效果较好。湖州安吉、金华浦江和磐安、衢州江山和嘉兴海盐生态治理效果在各地市都是最好的。嵊泗是舟山乡村生态治理较好的。

表4　浙江乡村生态环境质量指数最高和最低的10个县市

乡村生态环境质量指数前10位县市				乡村生态环境质量指数后10位县市			
县市	指数水平	县市	指数水平	县市	指数水平	县市	指数水平
缙云	95.01	龙泉	93.95	玉环	88.26	海盐	83.72
青田	94.84	磐安	93.93	温岭	87.74	桐乡	81.06
云和	94.71	遂昌	93.82	乐清	86.32	平湖	80.76
景宁	94.63	天台	93.59	嘉善	85.26	海宁	80.68
泰顺	94.10	永嘉	93.42	余姚	84.21	慈溪	79.43

注：表中的生态环境质量指数取2016～2018年相应指数的平均值。

表5　浙江各市域乡村生态治理指数较高的县市

地市	高于全市生态治理指数的县市	地市	高于全市平均治理指数的县市
杭州	桐庐、建德、淳安（2）	宁波	宁海、象山（2）、余姚（1）、慈溪（1）
温州	泰顺、永嘉（2）	绍兴	新昌、嵊州、诸暨（2）
湖州	安吉、德清（2）、长兴（2）	金华	浦江、磐安、义乌（2）、永康（1）
台州	天台、仙居、临海	衢州	江山、常山（2）、开化（2）、龙游（1）
舟山	嵊泗（2）	嘉兴	海盐、海宁（2）、桐乡（1）、平湖（1）
丽水	庆云、龙泉、景宁（2）、松阳（2）、云和（2）、遂昌（2）、缙云（1）、青田（1）		

注：本表中其后未标注括号的县市代表连续三年其生态治理指数均高于全市水平；其后标注有（2）的县市表示该县市有两年生态治理指数高于全市水平；其后标注有（1）的县市表示该县市有1年生态治理指数高于全市水平。

（二）乡村生态环境治理的影响

环境治理是改善乡村生态环境的重要举措，在保护的基础上进行治理和提升，加快乡村生态环境质量的转变。乡村生态环境治理对象复杂，治理方式多样，难以一蹴而就，因此需要有重点、分阶段地进行。通过计算比较，发现在乡村生态环境治理中安吉获得最高分80.07，岱山最低分70.63，二者差距约为10分（见表6）。究其原因，安吉因走"生态立县"的发展战略，成为"两山转化"实践先行地和示范县，除了当地财政投入外，还获得各级财政资金支持，因而在乡村生态环境治理中走在全省

乃至全国的前列；而岱山以岱山岛为中心，由诸多岛屿组成，滩涂面积较大，加上经济总量小，环境治理投入小，从而导致乡村生态环境治理指数分值低。值得注意的是，湖州三县均位列全省乡村生态环境治理前十，曾几何时，长兴乡村生态环境令人堪忧，但现在成为"上海后花园"，这表明政府对乡村生态环境治理的重视，不仅要有决心、有计划，还需要真金白银的投入，且要给老百姓带来经济利益，从而形成生态环境治理的内在动力，这种生态环境治理模式才是可持续的。

表6　浙江乡村生态环境治理指数最高和最低的10个县市

乡村生态环境治理指数前10位县市				乡村生态环境治理指数后10位县市			
县市	指数水平	县市	指数水平	县市	指数水平	县市	指数水平
安吉	80.07	温岭	77.95	慈溪	73.55	缙云	72.37
浦江	79.18	桐庐	77.82	开化	73.20	文成	72.17
云和	78.69	天台	77.76	苍南	72.97	瑞安	72.11
永康	78.53	德清	77.47	淳安	72.50	永嘉	71.73
长兴	78.17	慈溪	73.55	泰顺	72.46	岱山	70.63

注：表中的生态环境治理指数取2016~2018年相应指数的平均值。

（三）乡村生态环境保护的影响

乡村生态环境需要治理，更需要保护，通过治理和保护不断改善和提升乡村生态环境水平。浙江生态环境保护指数得分高的县市，基本都是西部山区，尤其是丽水的县市，而排名靠后的县市大多处于平原水乡或者沿海地区。从生态环境保护指数看，庆元得分为83.05，位于全省县市之首，这得益于该地区高达86%的

森林覆盖率；而嘉善得分仅为63.90，主要是因为嘉善地处太湖流域杭嘉湖平原，水域占14.29%，河道纵横交错，水质保护和河道保护任务艰巨，同时，森林面积极少，这些因素都影响着生态环境保护指数水平，因而高分和低分之间相差近20分（见表7）。这也表明山区生态环境保护比较容易实现，平原水乡的生态环境保护难度大，效果差。

表7 浙江乡村生态环境保护指数最高和最低的10个县市

乡村生态环境保护指数前10位县市				乡村生态环境保护指数后10位县市			
县市	指数水平	县市	指数水平	县市	指数水平	县市	指数水平
庆元	83.05	开化	78.28	乐清	70.31	嵊泗	66.91
磐安	80.62	泰顺	78.14	岱山	68.95	海宁	65.90
龙泉	80.09	淳安	78.01	瑞安	68.21	慈溪	65.36
景宁	78.81	松阳	77.70	海盐	68.19	平湖	64.68
云和	78.30	缙云	77.36	桐乡	67.62	嘉善	63.90

注：表中的生态环境保护指数取2016~2018年相应指数的平均值。

从乡村生态治理指数的3个一级指标看（见表5~表7），指数得分相差最为悬殊的是生态环境保护指标，其次是生态环境质量指标，最后才是生态环境治理指标。52个县市中上述3个一级指标最高分与最低分分别相差约20分、15分和10分。从上述分析发现，乡村生态治理效果差异中生态环境治理和生态环境保护影响更大，生态环境治理次之。乡村生态环境"禀赋"对指数水平的影响最为重要，在森林覆盖率较高的山区县市，生态环境质量和环境保护指标得分也较高，而生态环境治理的难点主要与水质、河道、滩涂等紧密关联，不仅治理难度大，而且效果难以凸显。乡村生态治理中最好的庆元，三年平均值超过83分，在3个一级指标中，生态环境质量和生态环境保护指数水平较高，但生态环境治理指数仅为70，主要是受生态环境治理资金投入不足的影响，这说明资金投入也是影响治理水平的重要因素。乡村生态治理中慈溪得分最低，其在3个一级指标中生态环境保护指数特别低，三年都在64分左右，与庆元差距超过20分，显著拉低了慈溪生态治理水平，因而慈溪要重视水质、湿地和近海滩涂保护。

五、结论与建议

浙江实施"千万工程"，以"三生"环境治理为重点，有效提升了乡村人居生态环境和自然生态环境，取得了良好成效，形成了乡村生态治理的"浙江经验"，但各地治理效果不尽相同。综上研究，得出如下结论：一是乡村生态治理具有阶段性特点，首先是对乡村人居生态环境进行治理，其次是乡村自然生态环境治理，最后是深化与提升生态环境。二是浙江生态治理效果存在较大差异，从地市看，丽水、金华和湖州乡村生态治理位居前列，而宁波、舟山和嘉兴处于末位；从县市看，庆元、龙泉和安吉乡村生态治理效果名列前茅，而嘉善、平湖和慈溪的效果最差。三是乡村生态治理差异的影响因素主要是生态资源禀赋和资金投入，生态资源禀赋对乡村生态环境质量指标和环境保护指标具有关键性作用，资金投入是影响乡村生态环境治理指标最为重要的因素。

为此，提出以下建议：

第一，要强化乡村生态环境保护。良好生态环境是乡村优势资源，保护"山水林田湖草"

就是夯实乡村振兴的基础。要不断强化乡村生态环境保护意识,既要通过制定法规进行强制约束,也要利用各种现代工具和手段进行宣传教育。要强化乡村生态环境保护责任,建立乡村生态环境保护与基层干部考核挂钩,并明确监管部门责任,把乡村生态环境保护的任务监督管理好。要逐渐划清乡村生态环境保护的权责关系,落实环境保护责任。

第二,要突出乡村生态环境治理。环境治理具有公共品性质,政府理应主导,科学合理的规划,投入必需的人力物力,同时,引导和利用社会资本参与乡村生态环境治理。从实际情况看,平原水乡和沿海是生态环境治理的重点难点地区,其中,又以水质提升、水源保护和海岸线保护为重点。从市级层面看,宁波、舟山和嘉兴需要努力提升乡村生态环境治理水平;从县市看,平湖和慈溪等地更应该补足"短板",突出生态环境治理,提升生态环境质量。

第三,要拓宽"两山转化"路径。坚持"绿水青山就是金山银山"的发展理念,加快乡村生态治理和保护,推动美丽乡村提升,拓宽"两山转化"路径,加快生态产业发展,使农民获得更多经济利益,使资本获取更高收益,将生态环境治理和保护转为社会公众的自觉行为。

最终在法律法规的强制约束与经济利益的诱导下,形成乡村生态治理的内生动力。

参考文献

[1] 习近平. 之江新语 [M]. 杭州:浙江人民出版社,2007.

[2] 习近平. 干在实处 走在前列——推进浙江新发展的思考与实践 [M]. 北京:中共中央党校出版社,2006.

[3] 中共中央宣传部. 习近平新时代中国特色社会主义思想学习纲要 [M]. 北京:人民出版社,2019.

[4] 中共中央党史和文献研究院,中央"不忘初心,牢记使命"主题教育领导小组办公室. 习近平关于"不忘初心、牢记使命"论述摘编 [M]. 北京:中央文献出版社,党建读物出版社,2019.

[5] 于法稳. 乡村振兴战略下农村人居环境整治 [J]. 中国特色社会主义研究,2019 (2):80-85.

[6] 黄祖辉,姜霞. 以"两山"重要思想引领丘陵山区减贫与发展 [J]. 农业经济问题,2017,38 (8):4-10+110.

[7] 沈满洪. "两山"重要思想在浙江的实践研究 [J]. 观察与思考,2016 (12):23-30.

[8] 郭占恒. "两山"思想引领中国迈向生态文明新时代 [J]. 中共浙江省委党校学报,2017,33 (3):20-25.

"两山"理念引领下的生态产品价值实现机制

——来自湖州的实践与启示

□ 马小龙　周建华

（湖州师范学院，经济管理学院，湖州，313000）

摘　要： 党的十九大报告提出要提供更多优质生态产品以满足人民日益增长的优美生态环境需要，浙江省湖州市作为"两山"理念的诞生地，加快探索建立生态产品价值实现机制，打通"两山"转化通道，推动"两山"有效转化。本文聚焦生态产品价值实现机制，沿着生态产品"量化—确权—交易—补偿—创造—展示—营销"的价值实现路径，系统总结了生态产品价值实现的湖州做法，以期能为我国的生态文明建设提供可复制、可推广的湖州经验。

关键词： "两山"理念；生态产品；湖州做法

一、引言

探索建立生态产品价值实现机制，是践行习近平总书记"绿水青山就是金山银山"理论的重要举措，是推动生态发展理念落实落地，促进生态富民惠民的必要路径。湖州作为"两山"理念诞生地、中国美丽乡村建设的发源地，在2020年习近平总书记时隔15年重访安吉，以及两山"理念提出15周年之际，总结湖州生态产品价值实现的实践与理论创新，值得深入研究、复制推广。

近年来，湖州市围绕科学评估核算生态产品价值、培育生态产品交易市场、创新生态产品资本化运作模式、建立政策制度保障体系等方面开展先行先试，探索政府主导、企业和社会各界参与、市场化运作、可持续的生态产品价值实现路径，率先成为生态产品的标准制定者和价值评估者，生态产品种类不断多样，生态服务价值不断提高,努力探索创造生态产品价值实现机制的"湖州经验",当好践行"两山"理念样板地、模范生,打造具有示范意义的生态样板城市。

二、湖州生态产品价值实现机制

湖州市充分发挥市场在生态产品配置中的决定性作用,沿着生态产品"量化—确权—交易—补偿—创造—展示—营销"的价值实现路径,在生态产品核算、确权、抵押、流转、生态补偿等机制方面积极探索,同时开展生态产品认证,大力推进生态产品产业化开发,多管齐下拓展"绿水青山"向"金山银山"转化的通道,坚决守住发展和生态两条底线。

(一)量化生态产品家底机制

一是编制自然资源资产负债表。湖州市作为浙江省唯一入选全国8个编制自然资源资产负债表的试点地区,率先探索自然资源资产负债表编制,将生态系统的各类功能价值化,将无形的生态折算成有形的价值,为生态产品价值实现提供了量化依据,通过编制16张表式、编填3.22万个数据,摸清了全市自然资源资产及生态环境家底。在此基础上,按照"源头预防、过程控制、损害赔偿、责任追究"的方针,率先出台了自然资源资产保护与利用绩效评价考核和领导干部自然资源资产离任审计两个办法。

二是建立"绿色GDP"核算应用体系。在全省率先成立了绿色银行,在全国地级市中率先建立了"绿色GDP"核算应用体系,并将其纳入县区综合考核指标体系,推行三级绿色生态考核和乡镇分类考核。

(二)开展生态产品确权机制

推行自然资源确权登记是生态文明体制建设的基础内容,目的是为了界定全部国土空间各类自然资源资产的所有权主体,进一步明确国家不同类型自然资源的权利和保护范围等,形成归属清晰、权责明确、监督有效的自然资源资产产权制度。

一是长兴县确权登记试点见成效。长兴县作为湖州市建设生态文明先行示范区的自然资源统一确权登记试点单位,形成"登记单元"+"资源区块"两级结构的登记簿框架,并引入产出生态产品的"功能斑块"层,对登记单元内那些发挥湿地和水源涵养、水土保持、防风固沙、生物多样性维系等生态功能的区域予以明确定位。

二是集体林权确权。在保持集体林地所有权不变的前提下,深化集体林权体制改革,使农民真正拥有林地的经营权、林木的所有权及处置权和收益权,在此基础上试行林地经营权流转制度、林地信托贷款制度和公益林补偿收益权质押贷款制度,实现"叶子变票子"。

三是"河权到户"改革。通过试行"河权到户"改革,将河道管理权和经营权分段或分区域承包给农户,形成股份、个人、集体、合作社等多种河道承包模式,推动河道环境治理和经营增收"双赢",实现"水流变资金流"。

(三)探索生态产品交易机制

一是建立排污权交易机制。作为浙江省排污权有偿使用和交易试点地市,湖州市近年来进一步完善了环境资源有偿使用机制,全面实施排污许可证制度、污染总量量化管理制度、产业转型升级排污总量激励制度和建设项目污染总量替代制度等。

二是生态产权融资交易机制。在确权登记基础上，挖掘生态产权所蕴含的金融功能和属性，积极探索农村耕地使用权、农村土地承包经营权、水域养殖权、农村集体资产所有权等抵押融资模式，生态资源变身金融资产。

三是绿色普惠金融机制。建立"一站式"绿色金融服务平台，构建普惠金融、绿色债券、生态基金、生态保险组成的绿色金融服务体系。金融机构开展生态资产和生态产品抵押、质押贷款产品创新上已经进行了一些探索，如森林赎买贷款、畜禽洁养贷、农村土地承包经营权抵押贷款等。

（四）建立生态产品补偿机制

湖州市在全省率先建立并实施市域范围内生态补偿机制，设立生态建设专项资金，推动茶园生态修复、废弃矿山复绿、复垦耕地等，释放了生态与经济的"双重效益"。

一是生态补偿机制制度体系基本形成。湖州市围绕着生态补偿展开了一系列的制度创新，汇集了一个相对完整的制度存量体系，特别是干部考核机制的创新调整，将生态文明建设增设为五大类考核指标之一，绿色 GDP 等指标成为考核的具体内容，为生态补偿机制的操作奠定了可行性。

二是探索建立了生态补偿的市场化机制。根据环境功能要求，在科学核算区域环境容量的基础上，在市域范围内建立污染物排放总量控制、污染物排放指标有偿分配和排污权有偿交易制度，探索在市场经济条件下，运用经济杠杆的作用，充分调动政府、企业主动削减污染物排放总量的积极性。

（五）丰富生态产品创造机制

一是利用生态资源优势大力经营生态农业。利用自然生态资源，大力发展"生态农场""生态牧场""生态茶场"，实施"稻鳖共生""稻虾共养""一亩山万元钱""一块地百里之外千人管"等生态种养模式，提供优质特色农产品。

二是发展全域旅游。湖州作为首批国家全域旅游示范区创建单位，打破行政区域把全市当作一个大景区，促进旅游全区域、全要素、全产业链发展，推动农旅融合，走休闲养生路线，发展精品民宿、农业观光、农事体验旅游项目，形成全域化旅游产品和业态。

三是推动产业绿色发展。在推进绿色制造标准化上，在全省率先发布绿色工厂评价标准。在推进绿色金融标准化上，在全国率先发布《绿色融资项目评价规范》《绿色银行评价规范》等地方标准。在推进绿色产品认证上，获批成为全国唯一的绿色产品认证试点城市。

（六）完善生态产品展示机制

一是制定生态品牌标准和检测标准。参照国际标准，探索制定湖州绿色农产品、有机农产品生产标准和检测标准，生态旅游、森林康养、避暑疗养等产业的标准体系。

二是围绕重点生态产业建立了区域公共品牌。以"人无我有、人有我优、人优我特"的理念，在产业发展、品牌培育等方面注入"两山"元素，贴上"两山"标签，尤其是在生态农业和生态旅游发展中，逐渐探索形成了"两山"统一品牌，扩大了生态农产品的影响力。

三是美丽乡村品牌建设。湖州是中国美丽

乡村的发源地，创造性地开展了以科学规划布局美、创新增收生活美、村容整洁环境美、乡风文明素质美、管理民主和谐美及宜居、宜业、宜游的"五美三宜"为特征的美丽乡村建设，走出了一条"美丽乡村、和谐民生"为品牌特色的新农村建设"湖州之路"。

（七）生态产品营销机制

一是推动市场化生态产品宣传和交易平台持续扩大。围绕湖州特色生态产品，建立了线上和线下产品交易中心和产品宣传营销平台，推出"两山"App，在上海、杭州等大城市设立"两山农品汇"专卖店。在各县（区）布局一批特色生态产品综合交易市场集散中心、价格中心、物流加工配送中心和展销中心，提升生态产品市场运作能力。

二是推动生态产品市场持续拓展。通过生态产品"走得出去"的现代物流体系建设，把生态产品及时送达消费者手中；用好生态论坛、新闻舆论、电影电视、音乐歌曲、体验旅游等方式，强化湖州生态产品的"消费记忆"。加强把游客"引得进、留得住"的载体建设，增强生态"留客"吸引力。

三、湖州生态产品价值实现的典型案例

（一）生态物质产品价值实现典型案例——安吉白茶

湖州市安吉县依托生态资源种植白茶，积极推广有机肥替代化肥及物理防控和生物药剂，开展茶园生态修复，形成了良好的生态链，种植面积17万亩，总产值24.74亿元，以37.76亿元的价值已连续十年跻身全国十强，居全国第5位，成为最具品牌传播力的中国茶类区域公共品牌，2019年单白茶一项就为该县农民人均年收入贡献了6000多元。

（二）生态物质产品价值实现典型案例——安吉竹产业

湖州安吉县利用当地丰富的竹资源，重视竹制品加工过程中产生的污染问题，打造了具有地方特色的生态竹产业，形成了从原竹加工到产成品完整的竹加工产业链，现有竹产业企业2400余家，形成了七大系列5000多个品种，产值超200亿元，以全国1.8%的立竹量，创造了全国22%的竹产值，成为名副其实的"中国竹子之乡"。

（三）生态文化服务产品价值实现典型案例——德清洋家乐

生态环境的改善为发展生态休闲旅游业提供了良好的基础。湖州市德清县莫干山的民宿经济，利用闲置旧农舍改建成民宿，吸引了不少"洋投资者"，目前已有"洋家乐"为代表的民宿企业600多家，形成了裸心谷、裸心堡、法国山居等高端度假村及后坞中端民宿集聚区，带动了近1.5万村民转产就业，每年增收近2亿元。

四、推进湖州生态产品价值实现的建议

（一）不断完善政策与立法

一是开展环境保护立法。开展水污染防治、生态红线保护条例以及生态补偿立法，尽快制定生态环境污染损害范围认定与损害鉴定评估、污染损害修复与生态恢复、评估与监测等方面的技术规范与标准，强化环境违法的处罚力度。

二是完善区域重点生态保护补偿管理办法。健全完善区域生态损害赔偿制度，以环保督察巡视、领导干部离任"生态审计"和生态环境损害终身责任追究制等强化区域生态环境保护责任，以环境司法、排污许可、损害赔偿等措施对造成生态产品功能损害的责任者严格实行赔偿制度。

（二）不断完善优化生态补偿方式

一是积极推动使用者付费模式。政府付费模式（尤其是转移支付模式）不但会给本地财政造成巨大负担，而且会产生挤出效应（挤出了其他财政支出，损害了政府提供其他方面公共服务的能力），湖州政府要逐渐建立使用付费模式为主体（自愿交易模式为主）、政府付费模式为辅的多层次湖州生态补偿模式。二是打造统一的生态补偿平台。在全市范围内建立一个统一的生态补偿平台，以资金整合、标准统一、人员整合、机构整合为特征，克服生态不行不均衡发展突出问题，提高生态补偿的效率和协同创新能力。

（三）找准自身特点定位促进产业生态化

湖州需要立足资源禀赋、功能布局、发展水平和工作特色，加快产业结构的绿色升级，从结构上实现经济的绿色、高效发展。

一是构建低碳产业发展体系。大力扶持光伏、风电、生物质能等新能源产业；大力发展先进装备、生物医药、环保节能、新能源汽车和新材料等战略性新兴产业；大力推动传统产业的高新技术改造，依靠新技术、新材料、新工艺和新设备对建材和纺织等行业进行转型升

级。通过上述措施打造绿色产业体系，增强经济发展的可持续能力。

二是强化源头控制工作。两手抓，两手都要硬。其中，一只手严格管控项目准入的源头，限制高耗能、高污染项目的审批；另一只手则着力优化项目源头，将高新技术产业、生态环保产业和战略性新兴产业作为项目扶持的重点。

（四）持续加强生态产业扶持力度

湖州乡村生态产业化需要围绕生产、生活、生态"三生"环境的改善与提升，以自然生态资源治理与保护、美丽乡村建设以及发展现代农业为主线，着力开展湖州生态产品质量认证、生态标识等建设，加快生态产品品牌打造，增加生态文化内涵，提高生态产品的影响力。

一是围绕四大模式发展生态产业。以自然生态资源治理与保护、美丽乡村建设以及发展现代农业为主线，重点发展以自然生态资源带动的生态产业化、以美丽乡村带动的生态产业化、以现代农业带动的生态产业化以及以田园综合体带动的生态产业化四大发展模式。

二是注重生态品牌建设。由政府支持，行业协会主导，围绕重点生态产业抓好区域公共品牌建设。支持龙头企业打造生态品牌，提高品牌质量，推进品牌标准化生产。

三是要鼓励支持创业创新。应该进一步优化鼓励返乡创业的体制机制环境，出台更多的扶持政策，积极营造大众创业、万众创新的氛围，打造良好创业生态系统，让各种高附加值的生态产品不断涌现。

参考文献

[1] 党的十九大报告辅导读本 [M]. 北京：人民

出版社，2017.

　　[2] 黄祖辉."绿水青山"转换为"金山银山"的机制和路径 [J]. 浙江经济，2017（8）：11-12.

　　[3] 高晓龙，程会强，郑华，欧阳志云. 生态产品价值实现的政策工具探究 [J]. 生态学报，2019，39（23）：8746-8754.

　　[4] 李忠. 长江经济带生态产品价值实现路径研究

[J]. 宏观经济研究，2020（1）：124-128+163.

　　[5] 付洪良，周建华. 乡村振兴战略下乡村生态产业化发展特征与形成机制研究——以浙江湖州为例 [J]. 生态经济，2020，36（3）：118-123.

　　[6] 严勇，周建华. 供给侧结构性改革背景下的生态文明建设"湖州模式"研究 [J]. 生态经济，2018，34（11）：59-63.

"两山"理念指导下的湖州市绿色金融创新模式及经验归纳研究

□ 肖汉杰　唐洪雷　周建华

（湖州师范学院，经济管理学院，湖州，313000）

摘　要：湖州市作为"两山"理念的诞生地，积极践行习近平生态文明思想，创新运用金融工具，引导产业转型升级，逐步发展为长三角"40+1"城市群绿色金融发展竞争力综合评估中位列第一的城市。归纳湖州市绿色金融创新经验及做法，共享绿色金融领域的知识，对于其他地区发展绿色金融，实现经济社会高质量发展具有重要现实意义。

关键词："两山"理念；绿色金融；城市群；高质量发展

一、引言

环境外部性的内生化是绿色金融的核心，也是实现绿色发展的关键[1-2]。金融机构如果能在控制环境风险的同时发展绿色信贷，为经济活动绿色转型提供充裕资金支持，并不断强化棕色、黑色经济活动的融资约束，那么发展低碳经济和绿色经济将成为社会主流[3-4]。世界金融界和学术界都在研究绿色金融实践的指导理念，探索绿色金融促进环境外部性内生化的途径及模式。

湖州市同全国很多中小城市一样，曾经地方经济以中小民营企业为主，规模小、实力较弱，金融机构信贷的风险较高、预期收益率较低，信贷难的结构性矛盾十分突出[5]。湖州市作为"绿水青山就是金山银山"（以下简称"两山"理念）的诞生地，以习近平生态文明思想为指导，创新发展绿色金融，引导金融资本服务实体经济，发展美丽经济，进一步拓展"两山"转化的通道，发展成绩斐然[6-7]。归纳和分析湖州市创新绿色金融撬动社会资源配置，支持产业转型发展的经验与模式，对于其他中小城市解决低端产业供给过剩和消费者高端绿色需求供给不足的矛盾问题具有重要的现实意义。同时，践行习近平生态文明思想对于推进马克思主义生产力理论具有重要的理论意义。

二、"两山"理念的深刻内涵

习近平生态文明思想中的生态自然观和生态发展观深刻揭示了人与自然、社会发展与环境保护之间的逻辑关系以及深刻内涵，指出只有推进生态文明建设，才能保持经济持续健康发展[8]。"两山"理念是习近平生态文明思想的重要组成内容，既是一种生态自然观，也是一种生态发展观。

（一）生态自然观

生态自然观的核心要义是人与自然和谐共生，是习近平生态文明思想的一个基础性观念。生态自然观建立在马克思与恩格斯关于人与自然关系的思想基础之上，是对马克思著名论断"人是自然界的一部分"的进一步阐释与发展[9]。生态自然观深刻揭示出人与自然之间的内在共生关系，将人与自然关系概括为共生关系，而不是资本主义私有制条件下的对立关系，为解决当前人与自然之间的紧张关系提供了理论支持。

"绿水青山就是金山银山"折射出"人与自然和谐共生"的生态自然观，表明了人与自然的一体性，人的发展不能破坏"绿水青山"，而是要依托"绿水青山"实现可持续的发展。生态自然观首先将人视为自然的一部分，并且将人与自然的关系理解为共生关系，人类文明

发展至今，已经具备了破坏大自然的能力，但与此同时，人类并不能脱离自然环境，发展必须依赖自然环境，且大自然具有摧毁人类文明的力量。因此，人与自然的命运共同体强调人类的内在自觉要求：敬畏自然、尊重自然、顺应自然、保护自然。"绿水青山就是金山银山"理念首先将人视为自然的一部分，将绿水青山作为人类社会发展的基础性资源，表明了人与自然的共生性[10]。人类发展需要将自身视为自然的一部分，但绝不是要任由自然力量摧毁人类社会发展和文明成果。当人类将自身与环境处于对立面时，无数的历史都证明，人类文明终将衰败，古埃及、古巴比伦以及古楼兰等都曾经有过灿烂的文明，但最终都走向衰败，其共同的原因之一就是自然环境的破坏，导致自然灾害泛滥，人类社会发展和文明成果最终都被剥夺。当人类将自身与环境视为共生关系时，既有惠及中华儿女几千年的都江堰水利工程，也有杭州西溪国家湿地公园隐藏在现代都市之中为城市居民调节小气候，供给水分。生态环境问题归根结底是发展方式和生活方式问题，要打造人与自然的生命共同体，人类不但要尊重和保护自然，还要在发展方式和生活方式上改变，节制自己的行为，促进自然的生息和谐，进而建构一种新的人类文明形态[11]。新冠肺炎疫情在全球的扩张之势，说明人类当前的生产方式和消费模式还没有达到人与自然和谐共生的状态，此时我们更应重温马克思、恩格斯经典著作，领悟习近平生态文明思想深刻内涵，思索未来发展之路。

（二）生态发展观

"绿水青山就是金山银山"是生态发展观的

核心理念。生态发展观是习近平生态文明思想的本质性内容。人类社会的发展历史深刻说明，只有推进生态文明建设，才能保持经济持续健康发展。从我国生态资源的现实来看，资源环境对于经济发展的约束作用不断增强，其根本原因是生态资源污染严重，可利用的资源不断减少，经济发展对于外来资源的依赖程度不断提升。"两山"理念为我国未来现代化建设确立了重大原则，即经济发展不再是以破坏生态环境为代价的粗犷方式，而是要树立并贯彻"创新、协调、绿色、开放、共享"新发展理念，强调生产方式的转变，形成能耗低、效率高的绿色发展方式。

马克思将生产力视为社会形态以及社会发展的根本决定性因素。因此，社会发展的关键在生产力的发展和解放，以及采用何种方式发展和解放生产力[12]。传统意义上的生产力被理解为人类改造自然、利用自然的抽象的能力。马克思把生产力理解为人的本质力量，把"生产力的最高发展"等同于"个人的最丰富的发展"。传统意义上的生产力显然更加注重的是对于自然的利用和索取，生产力的发展仅体现为物质财富的增长，并不注重生态环境的保护。以"两山"理念为核心要义的生态发展观把自然或生态环境置于生产力的本质规定中，使改善生态环境与发展生产力内在一致起来，认为绿水青山本身就是金山银山，充分肯定了自然或生态环境自身所具有的内在价值。站在生态发展观的新高度上，传统发展方式必须要摒弃，需要践行绿色发展方式，即要践行经济生态化的路径。"两山"理念是科学发展观的丰富与发展，以"两山"理念为核心要义的生态发展观

为我国经济发展树立了新的发展准则。

三、"两山"理念指导下的湖州市绿色金融创新模式

十多年来，在"两山"理念的引导下，通过绿色金融创新，湖州市在绿色发展制度创新实践、美丽乡村建设、生态经济培育发展、传统产业转型升级和生态文化孕育弘扬等方面树立了一系列典范，成为绿色金融发展理念在生态金融上的生动实践，为全国探索绿色金融发展提供了"湖州模式"。

（一）绿色金融创新背景

湖州市位于浙江省北部，是长江三角洲中心区 27 城之一。依据工业化水平评价与标准，结合湖州市产业结构变化来看，湖州市经济发展经历了前工业化时期、工业化初期和工业化后期三个阶段：前工业化时期（1978～1983年），湖州市经济以农业为主，农业比重大，第二和第三产业比重小，人均 GDP 在 600 元左右；工业化初期（1984～1992 年）：湖州市经济发展不再以农业为主，开始重点发展工业经济，经济发展依赖于地方矿山资源，工业比重开始上升，第三产业比重仍然很低；工业化后期（1993 年至今），湖州市农业比重持续下降，农业生态高效发展，工业稳增长和转型升级成效显著，三次产业结构进一步优化。在工业化后期的一段时间内，湖州市经济发展仍然以资源消耗型产业为主，因此，为解决经济发展与产业发展的矛盾性问题，自 1998 年开始，湖州市的绿色信贷相关比率（GR）数值逐年提高，在2005 年（习近平总书记在余村考察提出"两

山"理念）以后，湖州市绿色金融发展进一步提速，截至 2019 年 7 月末，湖州地方口径绿色信贷余额占全部信贷余额比重达 19.2%，银行存贷款增速、金融业增加值等指标保持在全国前列，信贷资产质量居浙江省第一位，在长三角"40+1"城市群绿色金融发展竞争力综合评估中位列第一[13]。今天的湖州市发展成绩斐然，但依然面临异常复杂的宏观经济形势，湖州市发展仍然与周边城市存在较大差距，同时面临环境保护与经济增速放缓的双重压力。在工业化后期，湖州市的经济发展依旧需要继续创新绿色金融，支持产业绿色转型发展[16]。

（二）湖州市绿色金融创新经验及做法

1. 以"两山"理念统领经济社会发展

2014 年，湖州市成为全国首个地市级生态文明先行示范区。湖州市以此为契机，将绿色金融发展融入生态文明建设。以"两山"理念为核心要义的生态发展观极大推进了马克思主义生产力理论，揭示了保护生态环境就是保护生产力、改善生态环境就是发展生产力的道理，蕴含着生态经济化和经济生态化的深刻内涵[14]。绿水青山是经济社会发展的基础，可以为地方经济建设带来最为基础的资源，是重要的社会财富和经济财富。同时，保护生态环境，建设美丽乡村和城市都能够吸引资本投资，形成休闲、养老、旅游等产业，从而促进当地经济发展，使绿水青山持续发挥生态效益和经济社会效益，实现生态经济化[15]。湖州市在绿色金融创新发展中，牢记"绿水青山就是金山银山"理念，紧紧围绕湖州绿色经济发展的总体布局，从环境与社会风险管理、绿色金融产品和服务创新、绿色金融品牌建设等全方位、多

角度制定战略规划，明确绿色金融发展方向，制定绿色金融发展战略，力求实现经济效益与社会价值相统一。

2. 绿色金融创新融入生态文明建设

湖州市将生态文明治理项目作为绿色金融创新的试验田，在美丽乡村建设和乡村治理过程中，湖州市金融机构积极开展绿色金融服务。例如，递铺街道鲁家村因"公司+村+家庭农场"的模式闻名遐迩，但在发展过程中曾经因为资金短缺一度面临失败的风险，在此过程中金融机构积极开展绿色信贷，创新绿色金融产品，截至 2018 年 12 月末，农行安吉支行等 5 家银行机构已对鲁家等 11 个家庭农场及旅游项目提供各类信贷支持超 3.92 亿元，彻底激活了家庭农场的发展。同时，湖州市金融机构汲取多方智慧，不断主动创新金融产品，将金融创新与乡村建设、乡村经济发展紧密结合，推行农村金融服务网格化，将金融服务扎根在乡村。目前，湖州市农商行、稠州商业银行、台州银行、湖州银行、泰隆银行等多家银行通过"PAD 金融移动服务站""流动服务车"作业模式上门办理移动开卡、网银、扫码支付等服务，真正解决了绿色金融服务的"最后一公里"问题，改善了农村金融服务体验。又如，长龙山抽水蓄能电站是一项涉及安吉县水电安全的建筑项目，无法获得绿色金融信贷支持，第三方机构对长龙山电站建设项目进行测算发现，该项目将每年节约标准煤 18410 吨，每年减少二氧化碳排放量 40685 吨，每年减少二氧化硫排放量 0.53 吨，每年减少氮氧化物排放量 85 吨，具有绿色能源项目性质。因此，安吉邮储银行发放的全省邮储系统首笔绿色金融专项贷款

9400万元，大大减轻了浙江长龙山抽水蓄能有限公司项目的经济负担。这些案例都极大地盘活了湖州市金融市场，发挥了绿色金融的引领作用。因此，发展绿色金融要依托和服务于生态文明建设。要在经济发展的基础上，积极探索生态环境保护和治理的新途径，营造区域良好的生态环境条件。同时，要将区域独特的生态环境资源条件作为发展绿色金融的重要基础，深挖生态价值，实现区域"既要绿水青山，也要金山银山"的可持续发展路径。

3. 绿色金融创新以美丽建设为目标

湖州市在绿色金融产品创新过程中，以美丽乡村建设和幸福城市建设为目标，不仅扎根农村，还立足于绿色产业创新发展和传统产业转型提升，不断深化产融对接，统筹城乡经济协调发展。围绕中小微企业开展金融服务模式创新，形成了一系列可复制推广的产品与经验。湖州银行针对产业园区内的小微企业提供金融量化服务，创新"绿色园区贷"助力"低小散"污染治理。为创新民宿产业信贷产品，支持高端民宿发展，湖州市初步形成了"洋式+中式""生态+文化""景区+农家""农庄+游购"四大乡村旅游模式，逐渐走出一条由"农家乐"到"乡村游"再到"乡村度假"最后到正在形成的"乡村生活"的乡村旅游之路。在建设"中国制造2025"示范城市过程中，湖州市构建《湖州市绿色智能制造区域评价办法》等绿色智造标准体系，推动金融机构优化金融配置。在创新绿色基金投放上，积极建立以政府基金为引导，社会资本、金融机构广泛参与的绿色基金。目前，湖州市共设立绿色产业基金50个，总规模达350.48亿元。湖州历来注重传统

生态文化的保护和传承，深入挖掘湖州溇港圩田、桑基鱼塘、丝绸文化、茶文化、竹文化等地域生态文化，创新金融服务，培育形成了"善琏湖笔""长兴百叶龙""新市蚕花庙会"等特色生态文化创意品牌，努力做到"一乡一品""一村一韵"。大运河湖州段被列入世界遗产名录，钱山漾文化遗址被命名为"世界丝绸之源"，桑基鱼塘被认定为全球重要农业文化遗产，太湖溇港成功入选世界灌溉工程遗产名录。2018年，湖州又成功创建国家级水利风景区。

4. 绿色金融发展综合运用智慧技术和标准

在绿色金融推行过程中，必须重视金融风险。由于很多金融服务创新产品都是首次面向市场，面临的市场风险具有高度不确定性。预防金融风险必须建立在完善的金融供给基础体系上，而绿色金融体系的完善离不开绿色金融标准体系。为此，湖州市率先制定"六项规范"，引领绿色金融关键标准体系构建，通过两年来的实践探索，已发布了包括《绿色融资企业评价规范》《银行业绿色金融专营机构建设规范（DB3305/T 65-2018）》等6项地方标准，并且正在建设《绿色金融发展指数》《流动性贷款绿色认定》和《绿色矿山贷款》等4项标准。绿色金融标准体系的建设，为湖州市金融机构开展绿色信贷项目提供了行动指南和行为准则，降低了绿色金融项目的风险。同时，湖州市注重利用现代信息技术，建设绿色金融基础保障设施。湖州市打造了"绿贷通"银企对接服务平台，融合"金融+互联网+大数据"，创新"信贷超市"和"银行抢单"模式，推动金融领域"最多跑一次"改革。湖州市绿色信用信息服务平台为银行提供"公共信用信息+绿

色信息"查询服务，有效破解银企信息不对称难题。风险防控的关键是融资主体的认定与评估，湖州市不仅开发应用了绿色融资主体认定评价方法系统——"绿信通"，还由银保监会牵头打造了全国首个"绿色银行监管评级及信息分析系统"，通过整合"指标监测、评级审核、信息互通"三大功能，不仅有效地实现了对融资主体的审核和评估，还有效地降低了绿色金融创新产品的运行风险。在创新绿色保险试点上，湖州市首创"保险+服务+监管+信贷"模式。此外，湖州市依托全国首个自然资源资产负债表，鼓励各类市场主体发行绿色债券和开展绿色资产证券化，推动了绿色债券市场的发展与繁荣。例如，安吉县发行的海绵城市绿色债券，成为浙江省第一支通过国家发改委审核的绿色债券。在环境权益交易与融资上，湖州市金融机构也在努力探索。目前，湖州污染排放重点监管企业全部纳入排污权交易体系，排污权抵押贷款超 1 亿元，切实让企业将无形的排污权资产真正转化成有价值的资源。

四、总结

我国政府十分重视绿色金融的发展，制定并颁布了包括《关于落实环保政策法规防范信贷风险的意见》《关于环境污染责任保险工作的指导意见》《关于重污染行业生产经营公司 IPO 申请申报文件的通知》等多项制度规定，但地方政府在执行绿色金融发展要求的过程中，受到政绩考核、金融风险管控、地方产业发展需求等多因素的影响。湖州市政府部门认识到绿色金融发展的未来趋势和必然性，积极开展了

全国绿色金融改革试点工作，但湖州市相关金融政策制度尚不够完善，因为发展过程中都是摸着石头过河，信贷机构和企业都面临一定的风险，缺乏有效的政策作为保障。为此，湖州市金融机构在推行绿色金融发展过程中，不仅要测评发展指数、绿色指数、城乡协同指数等，还要注重政策保障指数、风险防控指数和监控体系的完善，需要结合理论，在实践中不断检验理论，完善和修正理论。同时，还要在实际中归纳经验，确保湖州绿色金融模式接地气、有成效、能复制、好推广。

参考文献

［1］裴育，徐炜锋，杨国桥. 绿色信贷投入、绿色产业发展与地区经济增长——以浙江省湖州市为例［J］. 浙江社会科学，2018（3）：45-53.

［2］王波，郑联盛. 绿色金融支持乡村振兴的机制路径研究［J］. 技术经济与管理研究，2019（11）：84-88.

［3］李普玲. 绿色信贷的发展困境与突破策略［J］. 人民论坛，2019（24）：74-75.

［4］郑锦国. 打造绿色金融"湖州样本"［J］. 中国金融，2019（20）：42-43.

［5］张晨，董晓君. 绿色信贷对银行绩效的动态影响——兼论互联网金融的调节效应［J］. 金融经济学研究，2018，33（6）：56-66.

［6］杨蕾，寇家豪. 雄安新区绿色金融发展路径探索——基于五省（区）绿色金融改革创新试验区经验借鉴［J］. 会计之友，2019（21）：145-151.

［7］王积龙. 数据导控下我国绿色金融的舆论监督框架［J］. 西南民族大学学报（人文社会科学版），2019，40（12）：144-149.

［8］张云飞. 习近平生态文明思想的标志性成果

[J].湖湘论坛，2019，32（4）：5-14.

[9]崔恩帅.习近平生态文明思想的世界意蕴[J].人民论坛，2020（1）：86-87.

[10]方世南.习近平生态文明思想的鲜明政治指向[J].理论探索，2020（1）：79-85.

[11]刘海娟，田启波.习近平生态文明思想的核心理念与内在逻辑[J].山东大学学报（哲学社会科学版），2020（1）：1-9.

[12]李昕蕾.习近平生态文明思想的国际传播及其路径优化[J].当代世界社会主义问题，2019（4）：

3-14.

[13]何建奎，江通，王稳利."绿色金融"与经济的可持续发展[J].生态经济，2006（7）：78-81.

[14]胡鞍钢，周绍杰.绿色发展：功能界定、机制分析与发展战略[J].中国人口·资源与环境，2014，24（1）：14-20.

[15]王遥，徐楠.中国绿色债券发展及中外标准比较研究[J].金融论坛，2016，21（2）：29-38.

[16]于永达，郭沛源.金融业促进可持续发展的研究与实践[J].环境保护，2003（12）：50-53.

湖州市践行"两山"理念的实践探索[*]

□ 汪 浩

(湖州师范学院,马克思主义学院,湖州,313000)

摘 要:"绿水青山就是金山银山"理念是习近平生态文明思想的核心内容。"两山"理念系列表述是习近平生态文明思想在中国背景与语境下的形象表达,其目的是探寻一条中国特色社会主义生态文明建设道路。在"两山"理念引领下,湖州市生态文明建设取得了丰硕成果:一是形成了经济生态化发展和生态经济化发展互相转化的大格局;二是形成了生态文明建设融入社会各项事业发展的大框架。湖州践行"两山"理念的实践,充分体现了习近平生态文明思想科学发展内涵的客观规律。

关键词:"两山"理念;习近平生态文明思想;科学发展内涵

党的十九大报告指出,全党在各项工作中要坚持新发展理念,"发展是解决我国一切问题的基础和关键,发展必须是科学发展",[1]要"增强科学发展本领,善于贯彻新发展理念,不断开创发展新局面。"[1]"两山"理念是习近平生态文明思想的核心内容,自 2005 年 8 月 15 日习近平同志在浙江余村提出"绿水青山就是金山银山"理念,至 2018 年 5 月习近平总书记出席全国生态环境保护大会并发表重要讲话,标志着习近平总书记"两山"理念已经成为生态文明建设的指导思想。习近平总书记指出:"我对生态环境工作历来看得很重。在正定、厦门、宁德、福建、浙江、上海等地工作期间,都把这项工作作为一项重大工作来抓。"[2]"两山"理念提出后,湖州市委按照习近平总书记提出的生态文明建设方向,坚定发展目标,不断制定并完

---

* 作者简介:汪浩(1976—),江苏丰县人,博士,湖州师范学院讲师,主要研究方向为"两山"理念理论与实践。E-mail: wanghao0508@zjhu.edu.cn,电话:13819200599。

善与生态文明建设相关的政策、制度和法规，经过十几年持续推进，已经把湖州市打造成为全国生态文明建设实践基地。无论从生态文明建设的核心元素（生态环境、生态经济、生态人居、生态文化）及其良性互动，还是已经产生的现实影响来说，浙江湖州的实践探索都构成了一个实实在在的区域性模式。[3]湖州市用生态文明建设实践诠释了习近平生态文明建设思想的科学发展内涵。

一、习近平"两山"理念科学内涵

习近平生态文明思想的科学发展内涵是经济生态化、生态经济化、生态文明建设融入社会各项事业的全面发展。经济生态化就是在经济发展过程中注重企业项目的生态化建设，生态经济化是要在生态文明建设中突出经济效益，把经济效益和生态效益二者有机地结合起来，这就是"绿水青山就是金山银山"理念的核心要义。"两山"理念的形成与发展过程，也是湖州生态文明建设思想转变的过程。当时一些人认为"两山"就是指绿水青山，把山山水水保护好就是搞好了生态；还有一些人认为把生态与环境维持好就是习近平生态文明思想的科学发展的含义。"两山"理念是习近平生态文明思想科学发展的实践基础与理论前提，必须全面准确理解和把握其内涵，从历史角度认识其重要性，从长远角度理解它的得失与成败。

习近平生态文明思想按照尊重自然、顺应自然、保护自然与经济发展内在统一的客观规律，主张只有实现经济富强、政治民主、文化文明、社会和谐，才能真正促进生态美丽、促进社会各项事业科学发展，实现与"人的全面而自由发展"相契合。在人与自然、人与人、人与社会关系中，人们只有处理好人与自然、经济发展与环境保护的关系，人类自身利益才能实现，从而实现人的科学发展。生产发展、生态美丽是"美好生活"的条件，也是社会各项事业发展的基础。中国传统文化中关于"天人合一"的理念就是强调人与自然和谐发展。道家强调道法自然，老子主张"人法地，地法天，天法道，道法自然"，就是说人们要敬畏自然，尊重自然规律，处理好人与自然的关系。[4]习近平总书记指出："把生态文明建设融入经济建设、政治建设、文化建设、社会建设各个方面和全过程，形成节约资源、保护环境的空间格局、产业结构、生产方式、生活方式，为子孙后代留下天蓝、地绿、水清的生产生活环境。"[5]

二、湖州践行"两山"理念的实践探索

湖州在改革开放初期和全国一样，也是主张先生产后生活，把经济效益放在首位，忽视了环境资源的保护。到了20世纪90年代，传统的丝绸、建材、采矿业迅猛扩张，造纸、印染、化工、蓄电池等企业数量在湖州迅速增多，经营方式粗放，能源消耗很高，使湖州的生态环境承受了很大的压力。湖州一度出现大小工业园区90多个，全市印染、造纸、化工等7个重污染行业。[6]湖州是长三角地区主要的建材基地之一，进入21世纪以来，受长三角地区基础设施和房地产市场的拉动,湖州市石矿企业迅猛涨潮,石料开采规模迅速扩大,开采总量急剧上升,高峰时全市石矿企业达 425 家。一些企业工艺落后,乱采滥挖,破坏了生态环境。在经济发展的大背景下,一些地方的大气、土壤、水环境被污染,人们的生活质量与水平却没有得到明显改善。因此,环境压力和生态失衡倒逼人们去反思经济发展过程中存在的深层次问题。时任浙江省委书记习近平针对这种情况提出"两山"理念,在湖州确立了生态文明建设的坚定信念和发展目标,彻底否定了经济发展与生态建设关系中存在的不符合科学发展的观念和做法。

第一种是把经济发展放在第一位,把生态环境定位于为经济发展服务,认为经济发展是第一位的,这是不科学的发展观念,"两山"理念对这样的发展观予以坚决地否定和批判。

第二种是为了经济发展走先污染后治理的道路。这是在经济高速发展时期提出的一种观点和遵循的道路,认为实现经济发展,造成一些环境污染在所难免,等经济实力增强了,然后再治理,通过这样的方式来实现经济发展和生态文明建设双赢。这实际上是以牺牲生态环境为代价来实现一时的经济发展,主观上还是认为实现经济发展利大于弊。"两山"理念不仅是对先污染后治理发展道路和观念的坚决抛弃,也指出了没有"绿水青山"就不可能有"金山银山"的深刻道理。"绿水青山"是人类生存和经济发展的源泉,先污染后治理的发展道路和观念是对这一条件和源泉的破坏,从根本上来说这条道路是走不通的,如物种多样化的消失等很难恢复,生态环境的修复需要花更大的

代价和更漫长的时间。先污染后治理的发展道路结果往往是先污染后遭殃,人类对于这一点有深刻的教训,这一观念在理论上必须坚决抛弃、在实践上必须坚决制止。

第三种是把经济发展和生态文明建设对立起来的思想观念。西方"生态马克思主义"的思想观念基本就是把两者对立起来,把生态危机的根源与资本逻辑、资本主义制度直接等同在一起,这实际上是把生态危机制度化,认为其不能治理。福斯特在评价"杰文斯悖论"时指出,改变社会生产关系——不是朝着追求利润的方向,而是按照人民的真正需求和社会—生态可持续性的要求而管理社会的方向。[7]虽然福斯特认为在西方资本主义制度下能够追寻到生态危机的根源,可以进行生态革命,但是对于中国的生态文明建设问题,尤其是"进行什么样的生态文明建设,怎样进行生态文明建设"这个命题依然难以成功解决。"两山"理念不仅超越了把生态问题只是与社会制度相联系的狭隘观念,也体现了作为构建人类命运共同体的现代理念和实现经济和生态内在统一的世界发展大趋势。习近平生态文明思想是习近平新时代中国特色社会主义思想的重要组成部分,该思想不仅指导浙江成为美丽中国的样本,具有区域意义,而且指导中国建成美丽中国,具有国家意义,还具有世界意义——指导全球建设美丽世界。[8]

2015 年 3 月 24 日,中共中央、国务院《关于加快推进生态文明建设的意见》中,正式把"两山"理念写进中央文件。2016 年 12 月,习近平对生态文明建设作出重要指示,强调要树立"绿水青山就是金山银山"的强烈意识,走

向生态文明建设新时代。

湖州在实践中，深刻地领会和把握习近平生态文明思想的科学发展内涵。把生态文明建设列入湖州工作的主要内容。把制度建设作为重中之重扎实推进，坚持建立一套生态文明制度保障体系。把生态文明建设落实于制度建设，标志着生态文明建设从注重理念、理论建设发展到制度建设的新阶段。[9] 为此，湖州市成立了以市党政"一把手"为组长，49 个单位为成员的领导小组，全面统筹重大问题研究、重大战略部署；领导小组下设办公室，协调推进各项工作；各县区均建立了相应的工作机构。全市形成"统筹协调、上下联动、实体运作、统分结合"的工作格局。

在"两山"理念的引领下，湖州生态文明建设实现了重大突破，取得了一些成功的经验。全国生态文明建设工作推进会议分别于 2016 年 12 月和 2017 年 9 月在湖州召开。2018 年，湖州市乡村旅游接待游客 5000 多万人次，乡村旅游经营总收入 150 多亿元。[10] 湖州市先后编制了《生态市建设规划》《生态环境功能区规划》《生态文明建设规划》等总体规划，获得了"中国制造 2025"试点示范城市、国家绿色金融改革创新试验区、国家创新型试点城市、全国首批水生态文明建设城市、首批国家旅游业改革创新先行区、全国首个内河水运转型发展示范区、全国建设绿色矿业发展示范区、全国"绿水青山就是金山银山"实践创新基地、全国文明城市等荣誉。湖州市动力电池、绿色家居等产业集群产值超千亿元，百亿级产业集群多达 14 个，形成了全球最大的办公椅、童装、蓄电池、木地板、竹业生产基地。湖州市关停了

太湖沿岸 5 千米范围内不达标污染企业，完成太湖流域 13 个行业提标改造及转型升级任务，实现了入太湖断面水质连续 10 年保持 III 类以上，实现了清水入太湖。湖州市打造了 19 个 3A 级景区村庄，保护了 53 个历史文化村落，建成了 56 个精品村和 19 条示范带。湖州生态文明建设之所以能够取得如此丰硕的成果，得益于其闯出了一条生态文明建设的新路，得益于其正确地把握了习近平生态文明思想的科学发展内涵，实现了经济效益、社会效益与生态效益的内在统一。湖州市践行"两山"理念的实践，切实验证了习近平生态文明思想的科学发展内涵。

三、践行"两山"理念，实现湖州经济、生态、各项事业协调发展的大格局

在习近平"两山"理念的引领下，湖州形成了经济、生态、各项事业协调发展的新思路，走出了一条经济、生态、各项事业可持续发展的新模式。十几年间，湖州市经济社会取得长足进展，地区生产总值从 2005 年的 639.42 亿元增加到 2017 年的 2476.1 亿元，财政收入由 2005 年的 74.24 亿元增加到 2017 年的 408.9 亿元，城镇居民、农村居民人均可支配收入分别从 2005 年的 15375 元、7288 元增加到 2017 年的 49934 元、28999 元，城镇居民与农村居民人均可支配收入增幅均位于全省前列；城乡居民收入比为 1.72 : 1，近五年来比例持续缩小，为 2018 年浙江省城乡居民收入比在全国各省（区）中连续 34 年保持最低做出了贡献。作为

"两山"理念的诞生地,湖州市委市政府大胆探索、科学实践,不断地转变思想、提高认识,准确把握习近平生态文明思想的科学发展内涵,逐步形成了经济生态化发展、生态经济化发展互相转化的大格局,促进了生态文明建设融入社会各项事业发展大框架的形成。

(一)单一的发展经济转变为经济生态化发展

习近平指出,"加快转变经济发展方式。根本改善生态环境状况,必须改变过多依赖增加物质资源消耗、过多依赖规模粗放扩张、过多依赖高能耗高排放产业的发展模式"。[5]湖州市委市政府在对已有企业进行生态评估、生态审计的基础上,将单一追求经济发展的企业,特别是污染、大量消耗资源的企业实行关停并转、升级改造,全部转型为经济生态化企业,实现了经济效益与生态效益的双丰收。为此,湖州采取了"五水共治""四边三化""三改一拆"等一系列专项整治改造行动,用环境保护的倒逼机制推动传统产业绿色转型,先后对纺织、印染、蓄电池等10多个行业进行专项整治,关停小散乱企业3000余家,整治提升520余家。其中,长兴县蓄电池产业"凤凰涅槃"实现华丽转身就是这次行动的重要成果之一。长兴县的蓄电池产业起步于20世纪70年代,是县域经济发展中重要的支柱型产业,但发展过程中曾暴露出产业层次低、资源消耗大、环境污染重等问题。因此,该县综合运用法律、经济、行政等手段统筹推进,2004年的第一次转型升级,实现了由低小散向规模化转变,企业数量从175家减少到50家,顺利通过环保重点监管区"摘帽"验收;2011年的第二次转型升级,

实现了由粗放型向集约型转变,累计淘汰落后生产线120条,企业数量进一步减少到16家,实现了布局园区化、企业规模化、工艺自动化、厂区生态化;2012年的第三次转型升级,实现了由低端化、单一化向高端化、集群化转变,推动电产业进一步向高端电池和新能源汽车领域转型升级,成为浙江省纯电动汽车及关键零部件产业发展基地和浙江省新能源汽车项目产业化基地。行业企业年生产能力达1.75亿只,占全国助力电动车电池市场份额的80%。转型升级之后,产值由整治前17.3亿元提高到244.7亿元,提高了13倍以上,税收由7500万元提高到7.6亿元,提高了9倍以上;全员劳动生产率提高了28倍。长兴县已成为"中国电池产业之都""中国绿色动力能源中心""中国产业集群品牌500强"和"浙江省蓄电池专业商标品牌基地"。南浔木行业是湖州市南浔区的支柱产业,有全国"木地板之都"之称,南浔区围绕"关停淘汰一批、整合入园一批、规范提升一批"的原则,累计投入20多亿元,对全区3922家木业企业开展分类整治,关停淘汰了木业3222家,催生规模以上木业企业700多家,推动了产业集中、集聚、集约发展。童装产业是湖州市吴兴区的支柱产业,自2014年起,吴兴区全面开展砂洗印花行业的整治提升,淘汰落后产能,推进印花、砂洗加工企业入园聚集发展。2016年,吴兴区又启动了集中"清零"行动,关停整治620家砂洗、印花企业,剩余的19家砂洗企业、318家印花企业,全部进入南太湖高新区的砂洗印花城。

湖州由过去单一的发展经济模式转变为经济生态化发展模式充分证明,把生态建设放在

第一位，在"绿水青山"的基础上收获"金山银山"的道路选择是正确的。

（二）单一的生态治理转变为生态经济化发展

习近平总书记指出，纵观世界发展史，牢固树立保护生态环境就是保护生产力、改善生态环境就是发展生产力的理念。[5]湖州生态经济化走在了全国前列，创造了许多生态农业、生态工业与生态旅游业的先进样板。湖州市委市政府清醒地认识到，生态文明建设是基础，在一系列生态文明建设中始终牢记，在获取生态效益的同时，把贯彻经济效益落到实处，这就是湖州闯出的生态经济化的新路子。习近平总书记曾称赞安吉白茶"一片叶子成就了一个产业，富裕了一方百姓"，这是习近平总书记对湖州经验的赞扬与肯定。自2010年茶叶区域品牌开展价值评估以来，安吉白茶已连续九年跻身全国十强，2018年更位居中国茶叶区域公用品牌价值第六，品牌价值也由2010年的20.36亿元增加到37.76亿元，增长率达86%。安吉白茶品牌的生态价值给当地农民带来了"生态红利"，增加全县农民人均年收入6800元。安吉白茶生态经济化发展之路正是"绿水青山就是金山银山"理念的生动实践。另外，像南浔神牛生态农庄的资源循环利用、德清清溪稻鳖共生的生态经济、德清"洋家乐"、长兴县"上海村"民宿经济、湖州太湖国际健康城、长兴太湖"龙之梦"的休闲度假、湖州开发区微宏动力的新能源电池企业、德清地理信息小镇产业园等一大批生态经济化企业，不仅产生了生态效益，还创造了可观的经济效益，实现了生态效益与经济效益的双丰收。这是践行"单一

的生态治理转变为生态经济化发展"思路的生动体现，也是习近平生态文明思想科学发展内涵的题中应有之义。

湖州生态经济化发展说明，生态经济化能够使生态行业的生态生命力更强，经济效益更高，能够促进生态效益最大化，促进生态经济的可持续发展。

（三）单一的生态文明建设转变为生态文明建设融入社会各项事业发展

习近平总书记一再强调，"把生态文明建设融入经济建设、政治建设、文化建设、社会建设各方面和全过程。这是我们党对社会主义建设规律在实践和认识上不断深化的重要成果"。[5]湖州的生态文明与经济建设共赢发展为社会各项事业的发展打下了坚实的基础。湖州市在进行生态文明建设的同时，建成了一大批生态文化场馆，如文化展示馆、鱼塘文化馆、生态文化道德馆、河长制展示馆、生态博物馆群等。安吉县的一些美丽乡村还有自己的舞狮队、南浔区2018年举办了第十届鱼文化节等。另外，吴兴"丝绸之路"、南浔"善琏湖笔"、德清"新市蚕花庙会"、长兴"百叶龙"、安吉"昌硕文化"等塑造了湖州特色文化品牌。

湖州在不断促进生态文明建设与经济建设的同时十分注重农村生态文化公共服务设施建设。2013年以来，在文化特色鲜明、人口相对集中、经济社会发展基础较好的中心村、历史文化村、美丽乡村精品村或特色村，通过新建、改建、扩建等多种形式推进文化礼堂建设，形成了一批农村生态文明公共服务平台。例如，德清县乾元镇联合村文化礼堂以水文化为主题，建设了"水生态文化主题馆"，将历史、风俗、

人文等元素有机融入到文化礼堂。该村还发挥省级非物质文化遗产"浙北乾龙灯会"的品牌带动作用，与村歌会、新村祈福活动、"六一"成长仪礼、重阳敬老仪礼乡风评议等结合起来，做亮了生态文化品牌。联合村通过持续开展精致小村工程，不断优化绿化布局、合理搭配树种、科学配置设施，中心村土地绿化率达到100%，农户庭院绿化率达85%。依托优美的生态环境，联合村逐步踏上乡村生态旅游发展之路。

湖州生态文明建设融入社会各项事业的发展表明，生态文明、经济建设与社会各项事业的发展是一个系统工程，生态文明建设是根本，经济发展是动力，社会各项事业的全面发展是湖州人的共同目标。湖州由过去单一的生态文明建设方式转变为生态文明建设融入社会各项事业发展方式充分证明，向"绿水青山"与"金山银山"要社会各项事业全面科学发展的途径是正确的。

习近平生态文明思想是习近平新时代中国特色社会主义思想的重要组成部分。"两山"理念是习近平生态文明思想的核心内容。湖州践行"两山"理念蹚出了经济生态化、生态经济化、生态文明建设融入社会各项事业发展的湖州模式，验证了习近平生态文明思想的科学发展内涵，是对我国改革开放40多年来的深度思考，是解决当前全面深化改革过程存在深层次问题的"金钥匙"和实现中国特色社会主义生态文明发展的"法宝"。

参考文献

[1] 习近平. 决胜全面建成小康社会 夺取新时代中国特色社会主义伟大胜利——在中国共产党第十九次全国代表大会上的报告 [M]. 北京：人民出版社，2017.

[2] 习近平. 推动我国生态文明建设迈上新台阶 [J]. 求是，2019（3）：2.

[3] 郇庆治. 生态文明建设的区域模式——以浙江安吉县为例 [J]. 贵州省党校学报，2016（4）：32.

[4] 老子. 道德经 [M]. 陈忠，译. 长春：吉林文史出版社，1999.

[5] 中共中央文献研究室. 习近平关于社会主义生态文明建设论述摘编 [M]. 北京：中央文献出版社，2017.

[6] 胡菁菁，等. 和谐湖州 [M]. 杭州：浙江人民出版社，2009.

[7] 约翰·贝拉米·福斯特. 生态革命——与地球和平相处 [M]. 刘仁胜，李晶，董慧，译. 北京：人民出版社，2015.

[8] 沈满洪. 习近平生态文明思想研究——从"两山"重要思想到生态文明思想体系 [J]. 治理研究，2018，34（2）：5.

[9] 顾钰民. 论生态文明制度建设 [J]. 福建论坛（人文社会科学版），2013（6）：165.

[10] 湖州市生态文明办. 绿水青山就是金山银山——湖州实践案例选编 [Z]. 2017.

浙江山区林业县推进实施乡村振兴战略的发展模式研究*

□ 张建国[1,2]　崔会平[3]　孟明浩[1]　蔡碧凡[1]　王丽娟[4]　唐笛扬[1]

（1. 浙江农林大学，风景园林与建筑学院，临安，311300；

2. 湖州师范学院，经济管理学院，湖州，313000；

3. 浙江农民大学教管中心，临安，311300；

4. 浙江省农业科学院，农村发展研究所，杭州，310021）

摘　要：作为"两山"理念发源地和乡村振兴先行区的浙江，山区林业县在推进实施乡村振兴战略的过程中，积累形成了一些良好经验和发展模式。较为典型的有以茶兴县全产业链发展的松阳模式，红色引领绿色发展的余姚模式，全域旅游引领绿色发展的文成模式，生态为基、富美共创的临安模式和"全域美丽"驱动的安吉模式等。浙江的县域乡村振兴战略实施呈现出注重顶层设计、强化绩效考核，注重政府引导、强化多方参与，注重规划先行、坚持分类推进，注重要素保障、坚持长效推进四个方面的特点，但还存在着保护与发展的矛盾，以及保障资源要素相对短缺等方面的问题。因此，今后应及时总结好模式、好经验，注重示范引领；针对发展的共性关键技术环节进行协同攻关，注重技术创新驱动；针对乡村新业态的发展，培育新型经营主体；动员社会参与，聚力推进乡村振兴。

关键词：乡村振兴；"三农"；山区林业县；浙江

---

* 作者简介：张建国（1972—），河南洛阳人，博士，副教授，硕士生导师，主要从事生态景观设计与美丽乡村规划等方面的教学与研究工作。E-mail：zhangjianguo2004@163.com。

基金项目：国家林业局林改司委托项目"践行'林业乡村振兴示范县推选和管理实施方案研究'"；浙江省科技厅公益项目"浙西南山区森林生态养生旅游区发展模式构建与示范"。

浙江既是"两山"理念的起源地，也是"千村示范、万村整治"工程建设全国乡村振兴的先行区，在十多年的发展实践中形成了一些卓有成效的经验和模式。根据《林业乡村振兴示范县推选和管理实施方案研究》课题需要，在2018年10月至2019年6月，先后对浙江省山区林业大县实施乡村振兴战略工作卓有成效的松阳、江山、遂昌、安吉等县进行了调研，在此基础上，对浙江省山区林业县实施乡村振兴战略的特色模式、发展路径、主要经验和今后工作重点等内容进行了深入研究。

一、浙江山区林业县推进实施乡村振兴战略的背景与意义

浙江省的地理特征是"七山一水两分田"，山地县域生态、生物与文化资源丰富，但由于耕地资源较少和适宜开发用地条件相对较差，交通及其配套设施建设相对滞后，生态环境保护压力较大，生态公益林保护任务较重，使其经济发展相对迟缓。浙江省的57个山区县（市、区）有45个的生产总值都低于全省平均水平，"十二五"期间，7个重点贫困县均是山区县；"十三五"期间的"加快发展县"大部分是山区县。积极推进乡村振兴战略，大力发展山区特色优势产业，合理开发利用和保护山区资源，加快"山上浙江"建设进程，促进陆海区域协调发展，是实现浙江省经济社会可持续发展和协调发展的重中之重，加快山区县域经济社会发展关系到富民强省和全面小康社会建设全局。

（一）乡村振兴战略是做好新时代"三农"工作的重要行动指南

2017年10月18日，习近平总书记在党的十九大报告中提出乡村振兴战略，指出农业农村农民问题是关系国计民生的根本性问题，必须始终把解决好"三农"问题作为全党工作重中之重，实施乡村振兴战略。加强农村基层基础工作，培养造就一支懂农业、爱农村、爱农民的"三农"工作队伍。

2018年1月2日，国务院公布了2018年中央一号文件，即《中共中央　国务院关于实施乡村振兴战略的意见》。

2018年3月5日，国务院总理李克强在《政府工作报告》中讲到，大力实施乡村振兴战略。

2018年5月31日，中共中央政治局召开会议，审议《国家乡村振兴战略规划（2018－2022年）》。

2018年8月20日，农业农村部和中共浙江省委、浙江省人民政府在北京召开座谈会，签署《共同建设乡村振兴示范省合作框架协议》，共同推动浙江乡村振兴示范省建设，带动全国实施乡村振兴战略。

2018年9月，中共中央、国务院印发了《乡村振兴战略规划（2018-2022年）》，并发出通知，要求各地区各部门结合实际认真贯彻落实。坚持乡村全面振兴，坚持因地制宜、循序渐进，坚持人与自然和谐共生，牢固树立和践行绿水青山就是金山银山的理念，落实节约优先、保护优先、自然恢复为主的方针，统筹山水林田湖草系统治理，严守生态保护红线，以绿色发展引领乡村振兴。因此，乡村振兴战

略不仅是对"绿色绿水青山就是金山银山"科学发展的总结，更是做好新时代"三农"工作的重要行动指南。

2018 年 9 月，浙江"千万工程"获联合国"地球卫士奖"。习近平总书记多次作出重要批示，要求结合农村人居环境整治三年行动计划和乡村振兴战略实施，进一步推广浙江好的经验做法，建设好生态宜居的美丽乡村。

2019 年 3 月，中共中央办公厅、国务院办公厅转发了《中央农办、农业农村部、国家发展改革委关于深入学习浙江"千村示范、万村整治"工程经验扎实推进农村人居环境整治工作的报告》，并发出通知，要求各地区各部门结合实际认真贯彻落实。

（二）积极发展涉林产业是践行乡村振兴战略的重要载体

森林生态系统是浙江省山区林业县产业发展、生态和谐的重要载体，林业产业是山区林业县乡村振兴建设成果呈现的重要战场。实施乡村振兴战略规划，以森林和林业为主战场，打造区域发展的重要增长极，具有重要意义。

目前正处于全面建成小康社会的决胜期，"三农"领域有不少必须完成的硬任务，林业发展的新内涵以及面临的新问题都亟须实施新措施，开辟新路径，迈向新征程。从党的十九大和十九届二中、三中全会以及中央经济工作会议精神，包括 2018 年和 2019 年中央一号文件，都强调要坚持农业农村优先发展总方针，以实施乡村振兴战略为总抓手，全面推进乡村振兴，确保顺利完成到 2020 年承诺的农村改革发展目标任务。与全面建成小康社会奋斗目标相比，与人民群众对美好生态环境的期盼相比，生态

环境问题依然严峻，林业产值依然低下，缺林少绿依然是一个迫切需要解决的重大现实问题。乡村振兴的迫切要求带给林业发展一系列新机遇，也给林业发展带来最艰巨、最繁重的建设任务。进一步加大投入，加强森林经营，增加林业产值，提高林地生产力，增加森林覆盖率等工作的潜力还很大。

二、浙江林业县域推进实施乡村振兴战略主要模式与成效

作为"绿水青山就是金山银山"科学论断的发源地和乡村振兴战略先行区，浙江一直恪守"三农"优先发展战略。早在 2003 年，时任浙江省委书记的习近平同志亲自调研、亲自部署、亲自推动，启动实施"千村示范、万村整治"工程（以下简称"千万工程"），计划用 5 年时间整治和改造 1 万个村庄、培育 1000 个示范村，使乡村的发展方式发生根本性转变。2010 年，在总结安吉实践经验的基础上，浙江制定实施"美丽乡村建设行动计划"，打造"四美两宜二园"的美丽乡村成为"千万工程"2.0 版。2012 年，按照"美丽中国"新要求，浙江把"加强公共服务"和"推动以文化人"加入美丽乡村建设内容，打造"千万工程"3.0 版。2017 年，浙江省第十四次党代会提出建设具有诗画江南韵味的美丽城乡，到 2020 年 50% 以上县（市、区）力争达到美丽乡村示范县标准，建成 1 万个 A 级景区村庄、1 千个 3A 级景区村庄，被称为"新千万工程"，进入浙江"千万工程"4.0 版。

随着浙江"千村示范、万村整治"工程的

不断推进，从美丽生态，到美丽经济，再到美丽生活，"三美融合"下的浙江乡村生机勃勃。"千万工程"把农村生态环境、乡土文化等优势转化为发展显势，规划、建设、管理、经营、服务并重，把美丽乡村建设与农村新型业态培育有机结合，开拓农民"就地就近就业"门路，激发农村发展内生动力。通过现代农业理念的推广，把传统的农业种植变为园林观光、果蔬体验采摘、农事活动体验等，拓展增收空间，做大休闲农业、生态农业、创意农业、体验农业，让"绿水青山"变成"金山银山"，打造美丽家园，带动产业发展，促进农民增收，助力乡村振兴。

（一）以茶兴县全产业链发展的松阳模式

2019 年松阳有 12.85 万亩茶园，以浙江省 4% 的茶园面积，产出浙江省 8% 的茶叶产值，松阳县 40% 的人口从事茶产业，50% 的农民收入来源于茶产业，茶产业是松阳县域经济发展名副其实的支柱产业。[①] 和国内其他主要产茶区一样，近年来，松阳茶产业面临着经济增长方式比较粗放、茶园抗灾防灾能力弱、产业经营主体薄弱等共性问题。为破解这些难题，松阳以全产业链发展模式做大茶产业价值，调动茶农创新发展的主观能动性，不断夯实松阳茶城的城市品牌，唱响"科技兴茶、龙头兴茶、市场兴茶、品牌兴茶、文化兴茶、开放兴茶、旅游兴茶"协奏曲，从"茶产业大县"向"茶产业强县"稳步迈进。在"两山"理念指引下，松阳坚持把高质量发展要求贯穿于种植、加工、市场等全过程。如今，松阳以茶叶种植为依托，

一二三产融合发展的全产业链发展模式逐渐成熟。茶农幸福感、获得感以及以"茶"为鲜明特征的城市品牌影响力与日俱增，为田园城市建设、乡村振兴注入了一股强劲的"茶"动能。茶叶，带给田园松阳的不仅是产业的振兴、人才的会聚、文化的碰撞，还在其绿色生态发展进程中，真正实现了百姓富、生态美的统一，可以说"这张绿叶"的健康发展，使更多的乡村既有"绿水青山"的颜值，又有"金山银山"的内涵。

经验启示：源于茶叶，松阳的十万余茶农都在茶产业链的各个环节找到了适合自己的位置，率先"吃螃蟹"的一拨茶农、茶师们赚到了数个"第一桶金"，带动着更多的茶农们行走在增收致富、实现乡村振兴的大道上；各类人才的会聚，让田园松阳的茶产业之路越走越生态越健康的同时，还让田园松阳的乡村保留了乡村味道、留住了田园乡愁，变得更加宜居宜业；松阳连续十余年举办"中国茶商大会·松阳银猴茶叶节"，将业界专家学者、知名企业家、茶商、各茶叶产地市场负责人"请进来"的同时，也将每年先进的、前沿的、符合茶产业发展实际的信息与技术带进了松阳，通过搭建互联互通平台，促进"品牌强茶"走出去，进一步推动一二三产业有机融合，实现茶产业的可持续发展。

（二）红色引领绿色发展的余姚模式

作为革命老区的宁波余姚，在过去数年间，以红色精神为引领，充分利用绿色资源，发展

---

① 守望茶心 勇于创新的茶乡人［EB/OL］．https：//baijiahao.baidu.com/s？id=1629157045751409168&wfr=spider&for=pc.

特色农业，推动农业由增产向提质转变，呈现三产融合加速发展、农旅结合齐头并进、乡村面貌大幅提升的良好态势。通过坚持走红色引领绿色发展之路，全力打造全国乡村振兴示范区，形成了"党建带动、示范促动、项目推动、全民联动"的良好格局。坚持把乡村振兴摆到优先位置来抓，高水平推动农业全面升级、农村全面进步、农民全面发展，高质量打造全国乡村振兴示范区。2018年，余姚农业现代化发展水平跃居全省第二，城乡居民收入比达1.69：1，居宁波首位，并获推省乡村振兴工作优秀市。

经验启示：以红色文化强队伍和绿色发展壮产业为内涵，通过现代农业提质增效、乡村产业融合发展、全域乡村规划提升、全域美丽乡村建设提升等具体行动，有序推进乡村振兴。

（三）全域旅游引领绿色发展的文成模式

近年来，文成深入践行"绿水青山就是金山银山"理念，实施乡村振兴战略，对接浙江省"大花园"和温州西部生态休闲产业带，围绕"三美文成"总体战略，以富民惠民为根本目的，全面实施"休闲产业培育、全域旅游引领、'三农'发展提升、美丽环境再造、综合交通提速、生态环境保护"六大工程，形成全域旅游引领绿色发展的新常态。2018年，刘伯温故里景区创5A高分通过省级初评验收，新增国家4A级旅游景区1个、3A级旅游景区2个、省级3A级景区村庄12个，成立了文旅产业研究院，创成了浙江省全域旅游示范县。文成县景区接待游客增长92.2%，过夜游客增长32.1%，

实现旅游总收入38.16亿元、增长19.9%。2018年，文成县实现地区生产总值97.47亿元、增长7.9%，城镇常住居民人均可支配收入38687元、增长8.3%，农村常住居民人均可支配收入17352元、增长9.4%。[①]

经验启示：文成县以省市部署小城镇环境综合整治工作为抓手，把全县17个乡镇当作一个大景区来打造，按照1个全省旅游目的名城、7个旅游精品镇、9个美丽宜游集镇的"三层定位"，文成集中多家甲级设计单位的优秀团队，进驻各乡镇编制或提升规划设计方案，充分挖掘文化内涵，赋小城镇以文化灵魂，让景区景点变得无处不在。

（四）生态为基、富美共创的临安模式

临安森林覆盖率高达81.93%，位列杭州市区县（市）首位，其中临安西部地区，森林覆盖率已超过86.2%。临安是杭嘉湖地区重要的优质水源供给地，保障着下游200多万百姓的饮水安全，确保一江清水出临安，保护生态环境更是重任在肩。临安是浙江省9个重点林区县之一，厚植生态屏障对浙江乃至华东地区的生态文明建设起着至关重要的作用。近年来，临安充分发挥浙西生态大屏障带来的优势，以抢抓浙江大花园、大通道、大都市圈建设为契机，做好"保护与发展"并举的文章，走好生态美、产业美、人文美"美美与共"的发展之路，为杭州建设美丽中国样本、打造世界名城，为浙江、长三角可持续发展作出了有益探索。2018年，临安实现了地区生产总值539.6亿元，

---

① 文成县2019年政府工作报告。

同比增长 7.2%；财政总收入 88.5 亿元，同比增长 18.1%；其中一般公共预算收入 53.2 亿元，同比增长 22.8%；城镇居民人均可支配收入 53052 元，同比增长 8.8%；农村居民人均可支配收入 30795 元，同比增长 9.2%。临安还入选了 2018 年度全国综合实力百强区、全国绿色发展百强区。

经验启示：杭州市临安区厚植生态优势，不断提升城乡人居环境；以 5A 级景区创建为引领，着力推进全域景区化；持续做强产业引擎，推动农业"接二连三"，提升附加值；不断强化人才支撑，积极培育新型农业经营主体，推动小农户和现代农业发展有机衔接，发挥新农人的带动作用；更加注重政策扶持，因地制宜发展农旅结合、高端民宿、农村电商等产业。走出了一条以绿水青山为媒，以美促富，以富护美，富美并进的乡村振兴之路。

（五）"全域美丽"驱动的安吉模式

作为"绿水青山就是金山银山"科学论断发源地的安吉，在 20 世纪 90 年代中后期即认识到"绿水青山就是金山银山"的辩证关系，对原有产业进行大刀阔斧的改革，将原来破坏"绿水青山"的产业和企业实行关停改造。结合生态修复全面推进美丽乡村建设，形成"风情小镇+美丽乡村"的县域建设体系；围绕毛竹产业实行全产业链开发，一二产业融合发展实现提质增效；依托绿水青山开发生态旅游业，实现一二三产业互动发展。安吉县先后获得"国家级生态县""国家循环经济示范县""中国生态文明奖先进集体""美丽中国最美城镇""全国文明县城""浙江省文明县"等荣誉称号，成为"中国金牌旅游城市"全国唯一获得县。

安吉县走出了全面建设绿水青山、综合发展打造金山银山的可持续发展之路。

经验启示：安吉县十年来践行"两山"发展理念，坚持生态经济化、经济生态化的发展路径，坚持把自身生态优势、产业优势、区位优势、人文优势高度融合，高水平规划、标准化推进美丽乡村建设，并通过项目带动，不断提升教育、科技、文化水平，丰富发展内涵，不断提升城镇发展品质，共享美好生态环境，让广大群众切实享受到了实惠，安吉的发展路径告诉我们，发展经济与保护环境不仅并不矛盾，而且能相得益彰。

三、浙江山区林业县域推进乡村振兴战略实施的重要经验

（一）注重顶层设计，强化绩效考核

习近平同志在浙江工作期间，每年都出席全省"千万工程"工作现场会，明确要求凡是"千万工程"中的重大问题，地方党政"一把手"都要亲自过问。浙江省历届党委和政府坚持农村人居环境整治"一把手"责任制，成立由各级主要负责同志挂帅的领导小组，每年召开一次全省高规格现场推进会，省委、省政府主要领导同志到会部署。全省上下形成了党政"一把手"亲自抓、分管领导直接抓、一级抓一级、层层抓落实的工作推进机制。浙江省各个县市区也非常重视推进乡村振兴战略的实施与推进工作，明确了乡村振兴工作的党委负责制，成立了乡村振兴工作领导小组或办公室，编制县域乡村振兴规划，并把乡村振兴作为县域三农工作的总抓手，纳入年度工作业绩考核。

（二）注重政府引导，强化多方参与

浙江省坚持调动政府、农民和市场三方面积极性，建立"政府主导、农民主体、部门配合、社会资助、企业参与、市场运作"的建设机制。政府发挥引导作用，做好规划编制、政策支持、试点示范等工作，解决单靠一家一户、一村一镇难以解决的问题。注重发动群众、依靠群众，从"清洁庭院"鼓励农户开展房前屋后庭院卫生清理、堆放整洁，到"美丽庭院"绿化因地制宜鼓励农户种植花草果木、提升庭院景观。完善农民参与引导机制，通过"门前三包"、垃圾分类积分制等，激发农民群众的积极性、主动性和创造性。注重发挥基层党组织、工青妇等群团组织贴近农村、贴近农民优势。通过政府购买服务等方式，吸引市场主体参与。同时，通过宣传、表彰等方式，调动引导社会各界和农村先富起来的群体关心支持农村人居环境，广泛动员社会各界力量，形成全社会共同参与推动的大格局。

（三）注重规划先行，坚持分类推进

浙江省注重规划先行，从实际出发，实用性与艺术性相统一，历史性与前瞻性相协调，一次性规划与量力而行建设相统筹，专业人员参与与充分听取农民意见相一致，城乡一体编制村庄布局规划，因村制宜编制村庄建设规划，注意把握好整治力度、建设程度、推进速度与财力承受度、农民接受度的关系，不搞千村一面，不吊高群众胃口，不提超越发展阶段的目标。坚持问题导向、目标导向和效果导向，针对不同发展阶段的主要矛盾问题，制定针对性解决方案和阶段性工作任务。按照山区林业县的各自特色，强调一县一策、一县一业、一县一特、一县一景和一县一品，实现因地制宜和特色发展。

（四）注重要素保障，坚持长效推进

浙江省建立政府投入引导、农村集体和农民投入相结合、社会力量积极支持的多元化投入机制，省级财政设立专项资金、市级财政配套补助、县级财政纳入年度预算，真金白银投入。据统计，15年来浙江省各级财政累计投入村庄整治和美丽乡村建设的资金超过1800亿元。此外，浙江省积极整合农村水利、农村危房改造、农村环境综合整治等各类资金，下放项目审批、立项权，调动基层政府积极性主动性。

浙江省坚持一张蓝图绘到底，一件事情接着一件事情办，一年接着一年干，充分发挥规划在引领发展、指导建设、配置资源等方面的基础作用，充分体现地方特点、文化特色，融田园风光、人文景观和现代文明于一体。推进"千万工程"注重建管并重，将加强公共基础设施建设和建立长效管护机制同步抓实抓好。坚持硬件与软件建设同步进行，建设与管护同步考虑，通过村规民约、家规家训"挂厅堂、进礼堂、驻心堂"，实现乡村文明提升与环境整治互促互进。

四、浙江山区林业县推进乡村产业振兴面临的问题

总体看来，浙江的山区林业县在森林覆盖率、地表水质量、大气环境质量以及各类保护地等"生态宜居"建设方面取得了显著的成效，"生活富裕"的相关指标在全省山区县里面也位

居前列，国民人均收入均高于我国贫线水平，纵向比较都有较快的发展速度，老百姓的获得感也很强，可持续治理体系正在形成。但在浙江省经济社会快速发展的情况下，经济发展状况同其他非山区县相比仍有较大差距。只有安吉、临安等少数几个县的经济指标同全国相比处于较好水平，城乡居民人居可支配收入高于全国平均水平，接近全省平均水平。大部分山区林业县接近全国平均水平，低于全省平均水平，经济发展压力较大。

在今后的经济建设过程中，以"生态宜居"为目标的生态建设和以"生活富裕"为目标的经济发展之间的矛盾将长期存在。人民对"绿水青山"的感知度和"金山银山"的获得感之间需要协调发展，"绿水青山"保有与经济发展建设用地需求之间存在差距，药草产业发展、产业转型提升、养生旅游开发对生态环境也将产生冲击。针对现有的问题包括水污染问题、空气污染问题、交通堵塞问题等，我们应按照"绿水青山就是金山银山"的理论，在乡村振兴战略实施工作实践中坚持谋在新处，不断创新寻找解决办法，推动我国经济结构的转变，在适度扩大内需的同时推动供给侧结构性改革，坚持政府与市场两手并举，持续推进山区林业县的乡村振兴战略实施成效提升。

五、浙江山区林业县实施乡村振兴战略今后的工作重点

山区林业县的乡村振兴战略实施是个持续推进的过程，需要不断创新推进乡村振兴战略实施的县域模式与实现路径。

（一）注重示范引领，推进全面振兴

需要持续关注乡村振兴山区林业示范县建设，重点针对"产业兴旺"和"生态宜居"两个方面，及时总结美丽林乡建设、林下经济发展、生态精品农（林）业、养生旅游开发和森林康养小镇培育等不同特色发展模式及成功案例，进行深入解析和总体提炼，总结乡村振兴山区林业示范县建设的多种发展模式，为全省乃至全国持续推进山区林业县的乡村振兴建设提供科学借鉴。

（二）实施科技攻关，实现创新驱动

要从技术层面深入调研，研究山区林业县推进实施乡村振兴战略过程中需要的共性关键技术需求，为建设"山水林田湖"一体化的乡村振兴山区林业示范县提供空间布局规划、多元化业态体系、产业发展核心技术、县域生态文化建设和区域优势品牌打造等，提出综合集成的模块化发展方案，提升乡村振兴山区林业示范县建设速度和发展后劲。

（三）培育新型主体，打造新兴业态

针对农村电子商务、互联网营销和生产性服务业发展等新趋势、新情况，要探索政府购买服务等路径，大力推进人才队伍培养体系建设。聚焦基层干部、种养殖大户、家庭农（林）场主、农（林）业龙头企业、返乡农民工、农创大学生、乡村民宿业主、乡村电商经营者等，在融资能力、生产技能、管理水平、品牌营销和互联网素养等方面进行全方位的培训与培养，形成一大批新型经营主体，支撑县域乡村振兴战略的加快推进实施。

（四）动员社会参与，形成发展合力

乡村振兴战略实施涉及面广，需要全社会

共同参与形成共建共享的社会行动体系。在组织领导上，从省到各市县层层建立工作领导小组。在工作格局上，要构建党委领导、政府负责、部门协调、全社会共同参与的大工作格局。在考核体系上，每年进行总结评比，将考核结果作为评价党政领导班子实绩和领导干部任用与奖惩的重要依据。在制度建设上，从政策、法规、标准、规划四个方面加以约束、引导，推动山区林业县的乡村振兴战略的可持续推进。

参考文献

[1] 深入学习浙江"千万工程"经验 [N]. 浙江日报, 2019-03-07 (6).

[2] 张亦盈, 郑国崟, 王佳佳. 奋进文成　追梦前行 [N]. 浙江日报, 2019-03-11 (12).

[3] 王逸群, 江萍. 临安: 护好浙西生态大屏障唱响绿水青山富美曲 [N]. 浙江日报, 2019-03-12 (12).

[4] 孙志华. 松阳: 一片茶叶背后的乡村振兴 [N]. 浙江日报, 2019-03-25 (10).

[5] 陈爽, 孙志华, 孙丽雅. 松阳: 高质量绿色发展的茶产业之道 [N]. 浙江日报, 2019-03-27 (12).

[6] 刘刚, 许雅文. "超级农民"谈三农 [N]. 浙江日报, 2019-03-25 (8).

[7] 黄祖辉. 浙江乡村振兴战略的先行探索与推进 [J]. 浙江经济, 2017 (21): 24-25.

[8] 吴可人. 新时代乡村振兴的"浙江样本" [J]. 浙江经济, 2018 (3): 49.

[9] 浙江省咨询委三农发展部. 关于浙江争创全国实施乡村振兴战略试验区和示范省的建议 [J]. 决策咨询, 2018 (1): 49-50.

[10] 郇庆治. 生态文明建设的区域模式——以浙江安吉县为例 [J]. 贵州省党校学报, 2016 (4): 32-39.

[11] 哲农. 谱写浙江新时代乡村振兴战略新篇章 [J]. 农村工作通讯, 2018 (14): 14-15.

[12] 方腾高, 胡永芳. 推进浙江乡村振兴的调研与思考 [J]. 统计科学与实践, 2018 (9): 4-7.

[13] 陈占江. 乡村振兴的生态之维: 逻辑与路径——基于浙江经验的观察与思考 [J]. 中央民族大学学报 (哲学社会科学版), 2018 (6): 55-62.

[14] 马仁锋, 金邑霞, 赵一然. 乡村振兴规律的浙江探索 [J]. 华东经济管理, 2018 (12): 13-19.

[15] 阮加文. 乡村振兴的浙江标杆 [J]. 法人, 2018 (12): 12-14.

[16] 赵一夫, 刘慧, 薛莉. 创新基层党建　引领乡村振兴——对浙江宁波"党建领衔"实践经验的调研思考 [J]. 紫光阁, 2018 (12): 66-68.

[17] 牛震. 浙江永嘉打造新业态　培育新乡贤让乡村振兴落到实处 [J]. 农村工作通讯, 2019 (3): 59-62.

[18] 侯子峰. 乡村振兴背景下的美丽乡村建设——以浙江湖州市为例 [J]. 安徽农业科学, 2019, 47 (6): 259-261.

[19] 黄祖辉. 推进浙江乡村振兴提供全国示范样本 [J]. 决策咨询, 2019 (1): 15-17.

[20] 邓远建, 马翼飞, 梅怡明. 山区生态产业融合发展路径研究——以浙江省丽水市为例 [J]. 生态经济, 2019, 35 (6): 49-55.

[21] 吴恒, 朱丽艳, 王海亮, 等. 新时期林下经济的内涵和发展模式思考 [J]. 林业经济, 2019 (7): 78-81.

[22] 王志平. 打开"绿水青山"向"金山银山"的转化通道 [J]. 政策瞭望, 2019 (10): 28-30.

"两山"理念与生态治理现代化

"两山"理念下乡村旅游助推农村高质量发展研究

□ 吴国松

（湖州师范学院，经济管理学院，湖州，313000）

摘　要： 习近平总书记时隔15年后重访浙江安吉，实地察看"绿水青山就是金山银山"理念的提出地和践行地，了解"两山"理念转化成果。习近平总书记强调，绿水青山就是生产力，保护绿水青山就是发展生产力。广大农村地区是绿水青山的聚集地，实现乡村振兴的关键是找到富裕生态资源的转化路径，实现资源优势向经济优势转变，实现民富村强。本文首先梳理了农村高质量发展的现实背景与面临的难点，探讨"两山"理念下乡村旅游助推农村高质量发展路径；其次从产业协同发展、环境保护开发、生态价值转化、要素聚集四个方面提出了借助乡村旅游助推农村高质量发展的对策。

关键词： "两山"理念；乡村旅游；农村高质量发展

农村高质量发展的关键在产业兴旺，着力构建农业三产融合发展的新体系。乡村旅游是农村三产融合发展的载体之一，融合农村生产、生活、生态，是乡村现代产业体系的主要组成部分，能够充分挖掘农业功能，延伸农业产业链，实现农村资源要素的升值，实现生态—产品—价值的良性循环转化。乡村旅游架起了绿水青山转化为金山银山的桥梁，能够实现农业农村生产经营的附加值增加，扩大农业农村非农就业容量，提升自然资源保护与生态价值开发并存空间，最终实现由卖资源向卖风景的转化。鉴于此，本文通过深入分析新时期农业农村高质量发展面临的问题，在"两山"理念指引下，着力通过发展乡村旅游来助推农村高质量发展的路径与对策。本文逻辑框架如图1所示。

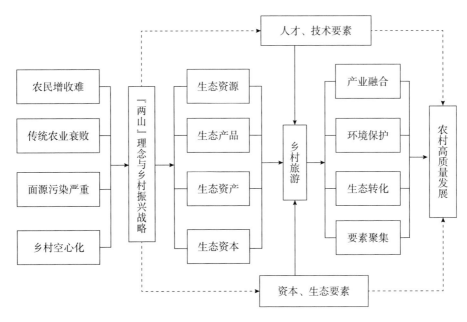

图1 "两山"理念下乡村旅游助推农村高质量发展内在逻辑框架

一、农村高质量发展的现实背景与难点

（一）"两山"理念与农村高质量发展的现实背景

党的十九大提出的乡村振兴战略，要求农业农村优先高质量发展，加快推进农业农村现代化，实现产业兴旺、生态宜居。乡村振兴战略已经成为新时代中国农村、农业、农民三大工作的着力点。农业农村高质量发展，既是乡村振兴的要求，也是中国经济整体高质量发展的基础与保障，要求生态保护与农业农村高质量发展高度协调统一，要求农业产业竞争力高、农业生产经营效益好、农产品品质优良，加快推进美丽乡村建设，以此促进农民持久增收，改善农民福利，实现村美、村富、村强。

以习近平总书记的"两山"理念指引农业农村高质量现代化发展，必须坚持三产融合的生态发展之路，就是要找到"绿水青山"的转换路径，有效推动农业供给侧结构性改革，挖掘农业农村发展的新动力和新业态，提升农业全产业链价值。当前，中国农业农村发展正处于转换发展方式、优化三产结构、切换发展动能的关键时期，必须始终把农业农村高质量发展作为乡村振兴战略主要导向和主要抓手。农业农村高质量发展，就是要在农业供给侧结构性改革指引下，加快形成三产高度融合的现代农业农村生产经营体系，全面提升农业农村综合效益，缩小城乡差距，改善农民福利水平。新时代乡村振兴战略，以持久促进农民收入有效增长为前提，以农业农村生产经营效率提高和生态保护开发为目标，通过增产提质加快产业振兴，将生态资源价值高效转化为经济效益，提高农村生态产品的高质量供给，实现资源产品价值转化，培育农村经济增长新源泉。

现代农业农村高质量发展，绝不能再走粗放式的低效农业农村发展之路。推动农业农村经济，绝不能突破美好生态的环境底线，要在保护发展好乡村环境的基础上实现农业农村经济发展，实现农业农村经济发展与生态环境保护相互促进，这就是既要"绿水青山"，也要"金山银山"，将农业农村经济高质量发展与绿水青山守护利用高效融合起来，践行"绿水青山就是金山银山"的"两山"理念绿色融合发展之路。

（二）农村高质量发展亟须破解的难点

1. 缺乏有效、特色产业支撑

现有乡村经济不景气，部分乡村存在一定程度上的衰败，主要原因在于缺乏有效的产业支撑。固守原始农业生产，没有现代农村产业体系支撑，没有现代农村产业兴旺，农村发展必将成为无源之水、无本之木，使得乡村陷入恶性循环的境地。产业兴旺与否对农村高质量发展起到关键作用，从农业农村具有的各种资源条件出发，实现农村产业多元化发展，彼此融合促进。乡村产业多元化发展不仅能够满足城乡多样化需求，而且还能够在一定程度上降低各类风险，最大限度地利用独具特色的乡村自然资源、人文资源。乡村资源的丰富多样，通过产业融合发展，实现生态资源价值转化，能够带动乡村经济绿色可持续增长。农业农村高质量发展，需要在农业科技创新基础上构建产业化、系统化的农业生产经营格局，延伸拓展农业产业链，优化农业生产布局，实现农业产前、产中、产后的有效整合，提升农产品深加工价值链，实现农业三产协同发展。发展特色农业，走差异化的农村发展之路，是规避市场环境下农业发展风险的必然要求。不同地域的农村要在分析自身优势的基础上确定农业产业融合的方向，要因地制宜地发展农业生产，延伸产业链和价值链，实现三产融合有序发展。农业农村多元化产业化协同发展的目的是吸引农民参与到农业价值链的分成中，让利于农民，促进农民增收。

随着农业科学技术的发展，中国农业发展已经基本上解决了国内米篮子和菜篮子问题。在确保农业基础性和安全性前提下，如何确保农业农村快速发展，如何让农民参与到农业价值分配中，如何解决农民的福利问题，是农业高质量转型发展必须要解决的问题。因此，在建立农业农村现代产业体系时，不能再牺牲农民根本利益，而是要协调农民利益与社会公众利益的平衡问题，让农民获得来自农业本身和乡村资源增值的综合收入，实现农业农村资源价值转化，让农民分享农业发展带来的综合福利效应。唯有如此，农民从事农业生产经营才有动力，才能实现农业健康可持续发展。

2. 缺乏美丽环境基础，农业面源污染严重

中国用7%的资源养活了世界20%的人口，除了农业科学技术进步外，还付出了沉重的生态资源消耗代价。中国传统农业发展之路，也是农业农村资源消耗之路。广大农村地区的农业面源污染不断加重的原因，既与相关部门对广大农村地区环境保护的重要性认识不够、各类资金投入不足密切相关，也和农业生产者只关注眼前暂时利益有关。农业生产中各类化学物品过量使用，农业生产产生的各类废弃物处理不当，都加重了农业农村面源污染程度。农

村居民缺乏卫生环保意识等都导致他们对农村环境污染问题重视不足，以及因乡村环保公共设施投资不足导致农村环境基础设施配套不全，这些因素交织在一起，加剧了农村环境治理的难度。

习近平总书记强调，农业农村发展，既要金山银山，又要绿水青山，绿水青山就是金山银山。"两山"理念指引下的农业面源污染防治攻坚战，是实现农业农村高质量循环发展的内在要求。现代农业农村高质量发展，绝不能再以牺牲农村美好的生态资源环境为代价，换取短暂的农村经济发展。虽然中国近年来粮食产量连连递增，各类农副产品供应充足，但其品质却存在一定程度的安全隐患，这与农作物生产中过量使用化肥、农业等化学物质不无关系，受到农业面源污染的直接影响。当前，部分农村地区面临着生活垃圾、生活污水等生态环境问题，这些都制约着农业农村高质量发展。农业农村生态资源环境，既是农产品质量提升的源头保障，也是农业农村高质量发展的物质基础。因此，要加快推进农业面源污染防治，推进农村环境整治，还原乡村本来的绿水青山，充分发挥农业农村生态保障作用。只有坚守绿水青山就是金山银山的农业可持续发展理念，才能实现人与自然的和谐共生，才能实现农业绿色循环高质量发展。

3. 缺乏生机活力，农村空心化严重

农村空心化是亟须解决的农村发展中的重要难题，需要从各个层面施策规划。改革开放以来，农村大量剩余劳动力通过进城务工等方式转移到了城镇，农村人口越来越少。部分乡村常年看不到青壮年，只有一些留守老人和儿童，已出现空心化问题。农村日趋严重的空心化，导致部分地区农业农村经济衰败，部分农村土地出现抛荒现象，人力资源的匮乏严重阻碍了农业农村高质量发展。乡村振兴战略的适时提出，乡村规模的重新规划设计，恰恰能够在一定程度上化解日趋严重的农村空心化难题。空心村问题的出现与解决，既是中国二元经济结构转换发展的结果，也必然会在农业农村经济高质量发展中得以化解。乡村振兴战略下的农业农村发展，必将吸引更多有知识、有能力的"新农人"加入，未来的乡村发展也必然呈现美好的未来。空心村在治理过程中出现的乡村布局调整，要看得见风景，记得住乡愁，要提高空置资源的利用效率，要处理好农民的根本权益。

乡村振兴战略的实施，不仅要发展农业农村经济，更重要的是恢复农村的凝聚力，让乡村成为新农人创业就业的热土。农业农村高质量发展，通过将优质优势资源要素引入农村实现农业农村全要素生产率的提升，通过农业科学技术的应用实现质量兴农，通过土地有序流转提高农业规模经营水平实现效益强农，通过三产联合融合发展拓展农业产业链和价值链实现农民能够获得更多的福利，重振农村活力。恢复乡村活力，吸引人才回流是农业农村高质量发展的保障。农村生机活力的恢复，既要通过行政的办法推进乡村空间资源的整合和集聚，也要通过经济的激励措施鼓励吸引返乡农民的创业就业。农业农村生产经营中的土地、劳动力、资本等要素依然存在较大的升值潜能，现代农业发展依然存在较大的盈利空间。农业农村相关产业只要经营得当，依然会使得农民职

业成为令人向往的幸福职业。

二、"两山"理念下乡村旅游助推农村高质量发展路径分析

（一）"两山"转化路径分析

"两山"理念诞生于浙江省安吉县余村，余村二十年来翻天覆地的变化非常有力地诠释了习近平总书记提出的保护生态环境就是发展生产力的"两山"核心要义。安吉余村通过关停矿山、修复破坏的农村生态环境，通过大力发展乡村旅游和现代农业产业让全村人致富，是践行"两山"理念最直接最现实的写照。"两山"理念转化，就是要实现农村自然资源、优质生态环境、农业农村经济高质量发展的高度协调统一。

实现农村富裕生态产品价值，是"两山"转化的桥梁。"两山"理念指引农村高质量发展，就是要强化农业农村生态特色产品支撑作用，建立健全农村优质生态绿色农产品质量认证体系，构建绿色生态资源和绿色产品的市场交易体系，完善生态自然资源绿色价值核算评估体系。农业农村高质量发展中坚持"两山"理念指引，就是要在坚持农业农村可持续发展中保持农村生态自然资源的绿色循环发展，通过多元化的现代农业产业融合发展科学有序利用好绿水青山，就是要坚持生态资源的经济效益、社会效益协调统一，从而在生态自然资源密集的地区将生态自然资源静态优势转化为农村高质量发展的后发经济优势。坚持"两山"理念指引，就是要把农业农村的绿色可持续发展作为乡村振兴战略的第一要务，通过农业农村三产多

元化融合的现代农业产业体系，把生态农业、生态旅游等培育成乡村振兴中的新型支柱产业，打造富有地方特色的现代农业产业集群。

绿色生态资源化是实现"两山"转化的基础。"两山"转化，就是要坚持把绿色自然生态价值转化作为首要突破口，关键路径是找到实现生态产品价值的支撑产业体系，通过生态资源化、生态产业化等方式，将农村优良的自然生态变成新型绿色资源，构建以产业生态化和生态产业化为主体的现代农业生态经济体系，将农村丰富的生态资源的生态效益最大化地转化为持久经济效益。在绿色发展指引下，建立健全农业农村中的生态产品经济价值转化实现机制，让绿色生态环境成为乡村振兴战略的支撑点，成为农业农村发展的增长点。在资本、劳动力、土地、生态等农业生产要素中，生态要素是农业农村发展中最有价值的发展资源。"两山"转化，就是要结合地域特色，找准产业定位，通过生态资源市场化交易实现生态价值补偿，要在乡村振兴战略引导下多方位多样化实现生态产品价值转化，实现独具特色的乡村生态、文化、休闲、经济等价值。

（二）"两山"理念下乡村旅游助推农村高质量发展路径分析

"两山"理念指引农村高质量发展，关键在于加快农业农村高质量绿色可持续发展。乡村旅游是农村地区新兴产业，主要在自然生态资源、地域特色文化资源等各类要素丰富的农村地区开展，常见的农旅结合发展模式有观光农业、生态农业、旅居游学等。乡村旅游，融合带动了农村第一产业、第二产业、第三产业的协同发展，优化调整了农业农村传统产业结构，

并在城乡融合协调发展中架起了资源转化的桥梁，能够将绿色自然生态资源潜在价值向经济价值转化。"两山"理念指引下的乡村旅游产业，就是坚持农村自然生态资源的农业现代产业体系融合，强化农村自然资源、生态产品的供给，实现农业农村产业兴旺、村强民富、美丽宜居，逐渐形成富有地方特色的生态化、现代化农业产业体系。农业农村高质量发展是解决"三农"问题的基础和关键，绿色可持续发展是硬道理，生态绿色产业化是农业农村高质量发展的根本落脚点，推动绿水青山中的生态产品价值的倍增和高效转化。

乡村旅游作为农业农村发展中的新业态，能够带动各类生产要素在城乡间流动，能够规避乡村衰败，优化城乡关系而不被边缘化。乡村旅游发展的优势主要在于引领生态资源经济化，把农村自然生态资本变成乡村振兴中的富民强村资本，将优越的绿色生态资源优势转变为农业农村后发经济优势，通过发展乡村旅游使绿水青山成为金山银山。乡村旅游发展，能够带动城乡融合，引导各类生产要素向农村集聚，打破原有农村资源配置效率低下状况，补齐农业农村经济发展中的要素短板，推动农村生态资源的经济价值转化，推动农业农村经济高质量融合发展。乡村旅游发展要坚持绿色生态可持续理念，依据不同地域的自然生态资源禀赋、地理区位优势和地域特色文化等，通过农旅结合发展高效生态农业，实现生态资源的经济价值转化。乡村旅游的发展，能够在保护利用好农村自然生态资源的基础上，吸纳资本、人才、科技等农村稀缺生产要素流向农村，提升农村土地生态资源价值，提升农业农村生产

效率，为乡村振兴提供持续绿色发展动力。乡村旅游能够带动生态资源产品价值转化，将农村地区绿水青山生态资源优势转化为农业新业态的产业活力，让广大农村地区景美人更富，引领农业农村高质量发展。农业农村高质量经济发展又能促进乡村旅游的进一步发展，让乡村发展走上良性循环之路。

在"两山"理念指引下的乡村旅游规划建设中，发挥农村要素资源整合效应，将农村闲置资源变资产、农民富余资金变股金，能在很大程度上提高乡村闲置资源和良好生态资源的利用率和增值率。乡村旅游与农业农村高质量发展的融合，通过创新自然资源的生态补偿和产权制度改革，能够突破传统农业农村产业划分边界，将农村三产紧密联结起来，拓宽了农业农村生产区域空间，延伸了农村现代产业体系价值边界，充分发挥多元要素在不同产业间的相互融合效应，从而构建高质量的农业农村现代产业体系，符合乡村振兴战略中产业兴旺的根本要求。乡村旅游的开发设计，通过优良的生态自然环境吸引其他区域尤其是城市居民的休闲养生消费，通过市场付费行为实现乡村生态资源的经济价值转化，从而将生态自然效益转化为经济效益，引致农业农村地区的就业增长，增强乡村凝聚力和吸引力，改变乡村空心化的状况，实现乡村经济高质量发展与生态资源保护开发的有机统一、良性互动。

三、"两山"理念下乡村旅游助推农村高质量发展对策建议

践行"两山"理念，通过实施乡村旅游开

发，推进农业农村高质量发展，正确处理好农业农村可持续绿色发展与生态资源保护利用的关系。"两山"理念指引新时期农业农村高质量发展，要求保持农业农村生态优先绿色发展的战略定力不动摇，今后一段时期需要在以下四个方面借助乡村旅游加快推进农业农村高质量发展。

（一）在推进乡村旅游产业协同发展上实现农业农村高质量发展

产业兴旺是农业农村高质量发展的重点任务之一。围绕乡村旅游产业，大力发展特色高效现代农业相关产业，促进传统农业向现代农业转型，实现由单一粮食保障功能向生态、休闲功能转变，加快推进农业农村高质量产业体系构建。在产业协调发展上助推农村高质量发展，就是要充分发挥乡村旅游在现代农业产业体系构建发展中的产业联结效应，打造特色农业现代化的产业集群，把乡村旅游融入现代农业产业链和价值链中，实现现代农业主导产业在农业生产、加工、销售等环节中的价值链延伸和经济收益倍增。发展乡村旅游，就是要因地制宜将农村三产融合在一起，通过打造乡村旅游精品线路，把传统农业、休闲农业等有机融合在一起；通过乡村旅游树立独具特色的乡村农业品牌，挖掘农业产业增值关键点；通过乡村旅游将农业生产基地与消费市场联结在一起，放大农业产销一体的价值链。

通过发展乡村旅游，将产业融合串联起来，通过发展农产品电商，将产业基地与终端市场连起来，打造产销融合有机整体。借助乡村旅游的产业融合发展，在现代农业产业园的基础上推进农业现代化建设，积极构建现代农业产

业化联合体，建立农民与农业企业的利益联结机制，吸引返乡创业农民，增强农村产业吸引力，解决农村空心化难题。要以乡村旅游发展为契机，加快乡村新型服务体系构建，通过乡村旅游带动乡村服务业发展，改变农村三次产业结构，凸显现代服务业对农业农村高质量发展的引领作用。乡村生态自然资源丰富，通过大力发展休闲旅游业，能将实现生态产品价值最大化转化为经济价值，实现农民从卖农产品、卖资源到卖风景、卖乡愁的华丽变身，将生态资源优势转化为经济效益。

（二）在推进乡村旅游环境保护开发上实现农业农村高质量发展

生态宜居是实现农业农村高质量发展的重要保障，独特的生态自然环境是乡村旅游健康可持续发展的基础。乡村旅游通过整合农业农村生产、生活、生态，将乡村风景和乡愁融合在一起，凝练乡村旅游经济特色和亮点。乡村旅游靠的是优美的生态环境，吸引城市客源到农村体验原始的农耕文化，享受清新自然的生态环境，通过差异化的旅游产品满足城市居民的旅游消费偏好，因此要坚持生态环境保护与乡村旅游产品开发的内在协同。发展乡村旅游，就是在保护生态环境，要发挥乡村旅游促进乡村生态环境的有效手段，通过生态友好型旅游业发展，保持乡村旅游资源的可持续性。

发挥乡村旅游在农业农村高质量发展中的保驾护航效应，就是要在乡村旅游设计开发时将农村生态环境保护作为提升乡村旅游核心竞争力的重要手段。乡村旅游发展不仅要保持旅游本身的可持续发展，缓冲农业农村生态环境压力，更要让城市居民参与到生态环境保护中，

让其体会到人与自然的和谐共生理念。乡村旅游发展通过农业生产方式变革，改变农业生产模式，能从根本上解决农业面源污染。乡村旅游发展能够促进城乡融合，美丽农村令人向往之处在于美好的生态自然环境，乡村旅游发展能够促使农业农村生产方式变革，也能够倒逼农业农村生产方式转型，切实推进绿色农业生产变革。乡村旅游发展在保护农业生态环境的基础上深入推进农业供给侧改革，实现农业农村经济的生态价值，让绿水青山转变为农民的金山银山，成为农民福利持续改善的源泉。通过乡村旅游发展，大力推进观光农业建设，将农业生产场所转变为旅游景观，在农业生产中实现农业价值提升，促进乡村宜居、宜业、宜游，最终实现农业农村高质量可持续发展。

（三）在推进乡村旅游生态价值转化上实现农业农村高质量发展

通过大力发展乡村旅游，将生态资源价值转化为经济价值，将绿色生态自然优势转化为农业产业的后发优势，通过提供绿色生态无污染农产品实现生态产品的价值增值，以乡村旅游为载体全方位保障农业农村高质量发展。乡村作为生态自然资源和民俗文化资源的集聚地，通过乡村旅游引领农业农村外延式扩张发展，盘活农业农村中的各类闲置资源的再利用，增强农业农村的凝聚力。乡村旅游的设计开发，能够建立生态资源保护和有偿利用机制，盘活利用好生态资源，创建城乡融合发展的共享经济体，拓展农业农村绿色发展新空间，充分释放生态价值的裂变转化效应，通过乡村旅游带动绿色产业升级助推农业农村高质量发展。

充分发挥乡村旅游的多产业融合优势，推进"生态+旅游+农业"发展新模式，通过培育新型农业经营主体延伸绿色农业发展空间，会聚农业农村高质量发展的资源要素。乡村旅游融合发展，合理规划农村生产生活生态的共生区域，在保证农业基本功能不变的前提下完善自然资源资产权能市场流转机制，有助于生态产品价值实现的产权制度优化，进一步促进农业资源景区化发展，推进田园变公园实现生态价值转化。乡村旅游开发设计能够满足城乡居民多样化的生态产品消费需求，改变固守传统农业的观念，充分挖掘和拓展农业的其他功能，培育优化乡村旅游项目，延伸农产品价值链，最终实现农村高质量发展。

（四）在推进乡村旅游要素聚集上实现农业农村高质量发展

农村高质量发展离不开人才、资本等要素资源集聚，乡村旅游的发展能够汇集多方优质要素资源，化解农业农村高质量发展所需的资本、人才、科技等要素资源瓶颈限制。乡村旅游可以凭借其自身优势，引导高素质人才、农业科学技术和工商资本等要素参与到农业农村高质量发展产业体系中，有效整合利用各类生态自然资源，协调好各方利益主体。乡村旅游具有天然的产业融合优势，在传统农业生产经营基础上拓展其外延，能够吸引大量高素质农民返乡创业，为农业农村高质量发展带来生机活力。乡村旅游发展能够推进农村集体产权制度变革，加快生态资源变资产、各类闲置资金变股金、农民变股民的"三变"进程，推进农业农村三产结构优化调整，优化农民收入来源结构。

乡村旅游不仅实现了农村的绿、富、美，

还推动了农业农村自然生态资源与人才、科技、资本等要素的深度协同融合,为农业农村高质量发展增加了新动能。乡村旅游发展使得原有城乡分割现状被打破,不断开创互利共赢的良好局面,引领非农要素参与到乡村振兴中,充分发挥乡村旅游的各类资源富集区的集聚优势,全面提升乡村振兴生产要素、产业要素联动发展的裂变经济效应。乡村旅游多以设施农业和经济作物为基础,需要一定的现代农业科学技术和管理手段来保障,这些又能引领农业农村高质量发展,通过信息化、科技化改造传统农业,能够在保护良好生态的基础上实现最佳经济、生态和社会综合效益。

参考文献

[1] 李彬彬,米增渝,张正河. 休闲农业对农村经济发展贡献及影响机制——以全国休闲农业与乡村旅游示范县为例 [J]. 经济地理,2020,40 (2):154-162.

[2] 李泓波,邓淑红,郭茜. 乡村旅游驱动乡村振兴的现实路径探讨——以陕西省袁家村为例 [J]. 辽宁农业科学,2020 (1):63-67.

[3] 常纪文. 从生态、经济和社会三方面科学理解和实践"两山"理论 [J]. 农村工作通讯,2020 (2):38.

[4] 胡咏君,吴剑,胡瑞山. 生态文明建设"两山"理论的内在逻辑与发展路径 [J]. 中国工程科学,2019,21 (5):151-158.

[5] 齐骥. "两山"理论在乡村振兴中的价值实现及文化启示 [J]. 山东大学学报(哲学社会科学版),2019 (5):145-155.

[6] 丁雅雪. "两山"理论的哲学基础及践行路径 [J]. 沈阳农业大学学报(社会科学版),2019,21 (1):110-113.

[7] 高清佳,尹怀斌. "两山"理念引领美丽乡村建设的余村经验及其实践方向 [J]. 湖州师范学院学报,2019,41 (3):15-20.

[8] 柯水发,朱烈夫,袁航,纪谱华. "两山"理论的经济学阐释及政策启示——以全面停止天然林商业性采伐为例 [J]. 中国农村经济,2018 (12):52-66.

[9] 高红贵,罗颖. 践行习近平"两山"理念的基本路径与政策主张 [J]. 湖州师范学院学报,2018,40 (7):1-6.

[10] 习近平. 习近平出席全国生态环境保护大会并发表重要讲话 [EB/OL]. http://www.gov.cn/xinwen/2018-05/19/content_5292116.htm.

[11] 习近平. 绿水青山也是金山银山 [N]. 浙江日报,2005-08-24 (1).

湖州市基层社会治理践行"两山"理念研究

□ 谢 舟

（湖州师范学院，经济管理学院，湖州，313000）

摘　要：基层社会治理是当前我国社会治理领域方兴未艾的一个研究课题。湖州市是长三角区域中一个经济社会文化良好发展的地级市，又是"两山"理念的发源地。"两山"理念的理论体系博大精深，既揭示人与自然的关系，也可以指导人与人的和谐发展。"两山"理念中"绿色""友好""协同"和"发展"的理论元素可以被用来阐释基层社会治理现代化。湖州基层社会治理的实践在很多方面体现了"两山"理念的理论元素。继续用"两山"理念元素来指导和支持湖州社会治理现代化建设和推进湖州市域社会治理现代化，将是湖州社会治理现代化的主要思路。

关键词：社会治理；"两山"理念；现代化

正在进行的新时代基层社会治理现代化是我国社会治理领域内的一项重大任务，也是当前和今后一个时期亟待我们研究和探索的重要理论课题。党的十八大以来，习近平总书记在系列重要讲话中，多次提出了要创新社会治理，提升社会治理的能力和水平。

2020年3月，习近平总书记再次来到浙江省湖州市安吉县余村考察，并参观了社会矛盾纠纷调处化解中心。提出要从人与自然的和谐，到人与人的和谐。湖州市近年来一直将区域基层社会治理和综治平安建设作为重点任务和特色工作来持续努力推进，平安指标考核年年居于浙江省内各个地市前列，为此获得了浙江省平安建设工作"十二连冠"。2018年，湖州市提出要创建平安中国示范区先行区，2019年初又提出要创建市域社会治理试点城市，并提出要着重结合"两山"理念重要理论元素，打造湖州社会治理特色。

一、"两山"理念与社会治理

2017年，习近平总书记在党的十九大报告中明确提出，"必须树立和践行绿水青山就是金山银山的理念"。"两山"理念，主要是论述人与自然，经济社会发展与自然环境保护的问题，但"两山"理念的逻辑体系，也可以适用到社会治理当中。

"两山"理念有三个重要论断：第一个重要论断是"既要金山银山，也要绿水青山"，体现了经济发展要与环境保护相统筹，经济社会与生态环境相协调，使两方面并容于绿色发展之中。以科技为先导、强调资源考量、强调友好发展。第二个重要论断是"宁要绿水青山，不要金山银山"，强调了生态环境保护的优先目标。"优先论"表明，"留得青山在，不怕没柴烧"，突出生态环境保护优先的重要地位，把尊重自然、顺应自然、保护自然作为发展生产力的前提。第三个重要论断是"绿水青山就是金山银山"，蕴含了生态优势向经济优势的"转化论"。"转化论"表明，在特定条件下绿水青山可以转化为金山银山。"绿水青山和金山银山决不是对立的，关键在人，关键在思路"是习近平总书记对绿色发展观的精辟论断。一方面，绿水青山也是一种经济要素禀赋。要将生态环境要素作为自然资源、环境资源、气候资源，视作经济资源加以开发、保护和使用，根据不同自然禀赋、区位优势和地方文化特色发展经济。①

虽然社会治理同这三个重要论断没有直接联系，但是我们可以从这三个重要论断中抽出"绿色"——对资源和成本的考虑、"友好"——减少矛盾和隐患的目标、"协同"——社会多元要素的合作、"发展"——只有发展才能解决问题等要素。这些要素可以很好地丰富社会治理理论和指导市域社会治理开展思路。湖州市正在研究探索如何将湖州特色的"两山"理念中的"绿色""友好""协同""发展"等理念要素融入到市域治理现代化当中，丰富市域治理的现代化内涵。

一是将绿色贯彻到治理目标当中。绿色治理观是"两山"生态发展观的首要内容。它在保护环境的同时强调资源的节约，还强调区域的合理布局和健康的生产生活方式。社会治理要贯彻绿色治理观，保护区域内环境和自然资源是市域社会治理的重要目标之一。社会治理同样也要考虑治理成本的问题，通过技术手段的创新采用和发动群众的广泛参与，来节约人力物力等行政资源，力争实现社会治理的降本增效。而全域治理的统筹协调，也是为了实现区域内良好和谐的政治生态和社会生态。

二是将友好体现在治理方式之内。"两山"理念强调人与自然的友好，社会善治则可以保持人与人之间的和睦，实现友好型社会。更重要的是，我们强调在社会治理的工作当中，管理者采取友好的态度和方式来实施社会管理，民众友好参与社会治理。社会治理的目标和效果是实现矛盾少、纷争无的友好社会。自治既是

---

① 郭华巍."两山"重要理念的科学内涵和浙江实践［J］.人民论坛，2019（12）：40-41.

市域社会治理的重要手段，也是走群众路线，达成友好和睦治理局面的必要途径。

三是将协同作为治理的重要手段。协同是生态发展的重要实现路径，也是社会治理工作的重要一环。社会治理比基层村镇社区治理更强调政府各部门、社会各组织团体能够群策群力，携手合作，全员参与社会治理。社会治理工作的首要环节就是如何组织协调这些社会治理的参与者，指挥他们投入到各个不同层面的治理工作当中去。协同组织、协同方式和协同机制的探索，将是湖州推进市域社会治理的重要方面。

四是将发展作为治理的重大驱动力。发展观是生态发展观中的重要思想，对指导社会治理也具有重要意义。社会治理的重要目标是促进我国社会主义事业的进步和发展，而发展也是市域社会治理的重要动力。我们要用发展的眼光看待社会治理中的难题，善于利用社会发展出现的新技术、新方法、新思想来创新社会治理的技术方式和工作方法，我们要坚持在发展中来推进湖州市域社会治理。

二、湖州基层社会治理贯彻"两山"理念中四大要素的实践

湖州在基层社会治理中的农村治理、县域综治和城市社区网格化工作等方面都已经取得了丰富的社会治理工作经验，摸索出了一套较为有效的制度和路径，很好地体现了"绿色""生态""协同"和"发展"四大要素在社会治理中的切实实践。

（一）"余村经验"提供了现代乡村治理的基本思路和制度逻辑，凸显了"绿色"发展观

2005年，时任浙江省委书记的习近平同志在浙江安吉余村提出"绿水青山就是金山银山"的重要理念。2020年，习近平总书记再次视察浙江安吉余村。安吉余村在"两山"理念的指引下，不断全面探索乡村经济社会发展模式和治理新路子，总结出了"支部带村、发展强村、民主管村、依法治村、道德润村、生态美村、平安护村、清廉正村"这一具有特点的"余村经验"。这一经验，在乡村组织上突出基层党组织对农村的全面引领和指挥作用，强调农村党员对村民的带动和表率作用，认为农村治理的问题应该靠乡村经济社会发展来带动解决，强调乡村规范和标准对治理的保障和约束作用，同时重视乡规民约和本土道德风尚及文化传统对乡村治理提供的积极支撑作用，注重宣传"人与自然的和谐"文化，利用好生态绿色发展观来做好社会治理的理论支持。将这些思路落实到具体实践工作中去，就是制定完善乡村平安建设工作规范和强调干部管理责任担当的具体制度建设。为此，湖州市发布了全国首部乡村治理地方标准规范——《乡村治理工作规范》。这部制度文件是余村多年以来乡村治理经验的梳理总结，既实现了乡村治理有据可靠、有章可察，也实现了乡村治理从碎片化到系统化、从局部性向全域性、从粗放式到精细化的三个转变。可见，"余村"经验就是立足降本增效，着重统筹协调，消灭"低、小、散"的工作方式，做到社会治理能耗节约的最好样本。

（二）德清模式是"友好"治理的典型

湖州市德清县乡村治理突出体现为"三治

融合",调动多元多角度化解基层矛盾。德清乡村治理以"小事找乡贤维权,大事找驻村法院处置"为目标,大力提倡本土资源的调动和效用发挥,推行乡村设立"乡贤参事会",调动本乡本村热心乡村公益事务、有一定声望和民众基础的人士的参与治理积极性,发动群众力量,结合法院司法下乡活动,落实基层治理。目前,德清县已培育发展乡贤参事会 106 个,累计参事 3756 次、服务 5338 次,有效发挥了"农村智囊团"作用,受惠群众达约 18 万人次。[1]乡贤们活跃在村两委与村民之间,成为依法治村、以德治村、自我治村的重要力量。"乡贤参事"成为中国农村社区治理新亮点。没有"官民的隔离",注重将问题解决于萌芽状态,矛盾解决以调和为先。充分体现了社会治理的"友好"特性,利于创建中国特色社会主义和谐社会关系。

(三)长兴县域"治理云"体现了"协同"治理的重要手段

要推进社会治理现代化,同样要求运用现代治理手段和技术,强调社会治理方法和技术上的智慧化创新。要紧密结合"智慧城市"建设,运用现代科技手段推动社会治理体系架构、运行机制和工作流程创新。要提高运用大数据辅助决策能力,建立人工智能决策辅助平台,[2]利用网络来实现社会治理力量的"协同"。

近年来,长兴县积极以新型智慧城市建设为抓手,突破传统"网格化"概念,利用互联网大数据手段,建设"综治云",编织了一张覆盖全科室、紧密干部群众联系的细密大网,探索县域基层治理现代化工作方法,目的在于破解部门与部门、系统与系统、干部与群众之间

数据采集及连接沟通的问题,是加强基层社会治理的重要尝试。长兴县委托电子信息服务企业开发利用 CIG 系统构建信息资源共享体系进行县域治理工作,利用该系统全面铺开网格工作,将综治、公安、民政、司法、环保等 36 个部门纳入管理,并将原来的各个网格统筹整合一处。原本单一网格员各自向垂直管理部门报送信息变为多员合一、一员多用。网格员通过网络报告、网络研判、网络处理,提升了工作时效。同时,由于信息网络的全覆盖,情报收集及时迅速,将工作做到防患于未然。[3]长兴县将"自治"与"智治"结合,"多网合一"协调多部门多组织和民众为"一网",为基层治理提供了可贵的技术化手段。

(四)吴兴区"全科网格+片区工作站"机制创新显现了"发展"精髓

湖州市吴兴区在作为市辖区的城市社区治理工作上,虽然起步晚于省内一些城市,如舟山、绍兴等,但吴兴区善于吸收经验,融会贯通各地网格治理创见,并结合自己的实际情况和网格工作经验摸索,发展网格治理工作法,创新性地提出了"全科布全网、片区连社区"的全科网格片区工作站制度。吴兴区的"片网融合",强调社会管理力的层层下沉,把力量和要素配置到"一线"全区片区,设置了便民服务中心、调解室、综合信息室、心里咨询室等功能区块,整合到社区工作站当中。社区工作站从街道下设到居民住宅小区,按居民户数配置基层社管力量,重点配置公安、行政执法、市场监管、应急管理、消防、环保等专业人员进驻片区工作站。设置专职网格员和兼职网格员寻访制度,做到社区舆情和矛盾问题随时能

发现，专门部门随时能跟进；基于网格工作站，推进信访和调解"一站式"工作；强调矛盾处置解决的多元化参与，创建了"平安大姐""吴美丽工作室""老宋谈心室"等一批基层治理工作品牌；注重基层治理业务培训和文化宣传，建设全科网格员培训基地、全民（特别是青少年）安全防护体验基地和平安综治工作理论研讨基地，提升全市社区基层治理工作能力和全民对社会治理认识拥护的文化素养。吴兴区在网格治理方面的实践，充分显示了"发展"观对社会治理工作的指导意义，在网格治理方式方法的发展中解决实际问题，在问题解决的基础上，继续发展创新社会治理体制机制。

三、湖州社会治理现代化工作开展的思考

湖州提出要创建市域社会治理现代化试点城市，这必须要结合湖州前期基层社会治理工作实际和对市域社会治理体系的理解和思考，将"两山"理念继续贯彻到湖州社会治理工作进展当中去，摸索湖州可行的工作方式，凸显湖州特色。

（一）以打造"平安城市"为基本出发点

平安是体现人与人和谐发展的最扎实基础。近年来，湖州平安建设工作走在浙江，乃至全国的前列。在平安工作中，以平安湖州建设为总抓手，坚持走群众路线，坚持运用好科技手段，创新基层治理方式方法，强化城市社区综合治理。平安建设与基层社会治理互为表里，平安湖州建设为市域社会治理打下了良好的基础。因此，要把平安建设作为市域社会治理的

最基本工作持续推进，要注重湖州城市的安全感和人民群众的安宁感的提升工作。无论是平安联防联治，还是矛盾调处解决，或是构建社会治理的全科网格化，目标都是让湖州有更高的安全感，实现让群众更加满意的社会安宁度。立足于平安湖州建设，通过社会治理实施，更进一步达成安全湖州、安定湖州、安宁湖州的目标。

（二）市域社会治理指挥中枢的构建

市域社会治理体系，区别于其他基层社会治理的关键就是更高级的指挥中枢。有这样一个"指挥部"，则市域层级的体系建立各条线工作得以协同。市域社会治理的中心工作是将基层治理的点线串联起来，把基层治理的点转化成为全域治理的面，在市域层面上全面推开。这就需要成立一个有效指挥全局的专门部门，来研究推进市域层面的治理机制，来统筹协调全市社会治理工作的开展；要以指挥部为中心，建设完善市域层面治理工作领导协调具体机制；同时，通过社会治理的技术信息网络，协同各部门、社会组织、企事业团体等多方力量来参与社会治理建设。

（三）典型治理范式对全域的指导和借鉴

市域治理的落脚点还在于基层治理的特色和经验的提炼，进而总结摸索出治理发展的一般性规律。将可以反映"两山"理念的安吉余村等典型经验作为广泛深入研究的样本，去发掘研究余村治理的成功做法和经验的可复制性、可推广性。将余村经验作为湖州社会治理的样板之一，不仅可以在乡村推广余村模式，还可以提炼余村经验的理论亮点，让其也可对城市社区治理有重要参考作用。

（四）推进社会治理的规范化标准化建设

单纯的工作经验和体会，难以形成湖州市域治理的特色和样板，没有形成体系化的制度和对制度规范的遵守，也就无从谈起法治对社会治理工作的保障和支撑。要研究市域社会治理工作推进和实现的指标和方案，完善湖州全域社会治理的规范制度。我们既要把握市域社会治理的目标、原则和实施理念，也要总结提炼湖州的实践成绩，并将这些融合转化成为能看得清、能摆得明的市域社会治理的湖州指标体系。

参考文献

［1］凌鑫."小事找乡贤　维权找驻村法院"，德清深化三治融合助推基层社会治理［EB/OL］.浙江在线，http：//cs.zjol.com.cn/ycll_16501/201811/t20181106_8673798.shtml，2018-11-06.

［2］陈一新.推进新时代市域社会治理现代化［N］.人民日报，2018-07-17（7）.

［3］浙江省湖州市长兴县：大数据助力城镇治理现代化［EB/OL］.搜狐新闻，http：//www.sohu.com/a/216724899_115376，2018-01-15.

其 他

以"两山"理念引领健康乡村建设工程 努力提高农村免疫力和抗疫力

□ 顾益康

（湖州师范学院，"两山"理念研究院，湖州，313000）

摘 要：党的十八大以后，"两山"理念已成为习近平总书记生态文明思想的核心要义，也成为习近平总书记提出的健康中国战略实施的科学路径。2020年以来，新冠肺炎疫情的暴发凸显了建设健康中国战略的前瞻性。本文提出开展健康乡村建设是提高农村免疫力和抗疫力的战略举措，必须突破把健康乡村建设局限于全国爱国卫生运动委员会和国家卫生健康委员会业务工作。文章由此提出了以"两山"理念引领健康乡村建设工程，开展包括乡村健康生态环境建设、健康生产方式推广、健康生活方式普及、健康公共医疗卫生服务体系完善、健康公共卫生应急管理体系构建和健康乡村建设工程推进的体制机制创新六个方面的目标任务和建设内容。

关键词："两山"理念；健康中国；健康生活

一、"两山"转化之路就是绿色健康发展之路

优良的生态环境是最普惠的民生福祉，也是人民健康安全的基础保障。2005年，时任浙江省委书记的习近平同志在湖州安吉首次提出的"绿水青山就是金山银山"的"两山"理念，开辟了中国生态环境保护和生态文明建设的新境界。这一绿色新理念切中传统发展方式的症结，为安吉湖州乃至浙江打开了一个新天地，由此，安吉开启了建设美丽乡村、发展美丽经济的新征程，"两山"理念首倡地蝶变成为中国美丽乡村建设发源地、生态文明建设实验地、绿色发展模范地，成为绿水青山就是金山银山的经历时代检验的实践样板。

党的十八大以来，绿水青山就是金山银山被赋予了新的内涵，"两山"理念成为习近平生态文明思想的核心内涵，成为引领新时代中国发展的绿色发展新理念的最科学最通俗易懂的注释，成为推动中国生态文明建设强大的思想力量。以绿水青山就是金山银山为导向的生态文明战略不仅为中国找到了可持续绿色发展之路，也为世界可持续绿色发展提供了中国方案、中国智慧和中国版本。

15年之后的2020年春天，习近平总书记又来到了绿水青山的安吉余村视察，总书记在美丽的农家庭院里与村民亲切交谈，总书记充分肯定了余村美丽乡村建设和绿色发展成绩，深情地说，这里的山水保护好，继续发展就有得天独厚的优势，生态本身就是经济，保护生态，生态就会回馈你。全面建设现代化国家既包括城市现代化也包括农业农村现代化，实现全面小康之后，要全面推进乡村振兴，建设更加美丽的乡村。总书记这短短的一席话，既让我们更加深刻地理解了"两山"理念和生态保护的重要性，也指明了我们下一步深入践行"两山"理念，深化美丽乡村建设的方向和重点任务。就是要求我们在全面建成小康社会之后，要以"两山"理念为引领，以乡村振兴战略为主抓手，加快农业农村现代化，建设更加美丽的乡村。

15年来，"绿水青山就是金山银山"这一精辟论述的内涵意义越来越丰富，突出了人民健康最重要的首位论，强调了生态保护建设的优先论，体现了经济发展与环境保护的统一论，蕴含了生态优势向经济优势的转化论。新冠肺炎疫情的暴发更加彰显了习近平总书记强调的

"两山"绿色发展新理念和实施健康中国战略的前瞻性和重要性。党的十八大以来，习近平总书记和党中央高度重视人民健康安全，提出要把人民健康放到优先发展战略位置，强调"没有人民健康，就没有全面小康"，作出了推进健康中国建设的战略部署。我们认为"绿水青山就是金山银山"的"两山"转化之路就应该是绿色健康发展之路。

二、要把健康乡村建设工程作为提高农村免疫力和抗疫力的战略工程

2015年10月，党的十八届五中全会上，党中央作出了推进健康中国建设的决策部署。2016年召开的全国卫生与健康大会上，习近平总书记发表了重要讲话，系统阐述了以人民健康为中心的发展思想，强调"没有人民健康，就没有全面小康"，提出要把人民健康放到优先发展的战略位置。随后，国家颁布的《"健康中国2030"规划纲要》提出了要建设健康城市和健康村镇的明确要求。党的十九大明确提出要实施健康中国战略，全国爱国卫生运动委员会印发了《关于开展健康城市健康村镇建设的指导意见》。全国各地根据爱卫会和卫健委的工作部署，相继开展了健康城市和健康村镇的试点示范工作。2018年中央一号文件《中共中央国务院关于实施乡村振兴战略的意见》中明确提出了健康乡村建设的任务要求。从近年的一些地方实施来看，健康村镇和健康乡村建设的内涵概念和工作任务都在农村公共医疗服务体系建设和解决农民"看病难、看病贵"的问题

上。浙江省从 2016 年启动了健康城市和健康村镇建设工作，明确作为卫生城市和卫生村镇的升级版加以建设，这项工程由浙江省爱卫会和卫健委来负责抓落实。从这几年实际情况来看，健康村镇建设和健康乡村建设还局限在爱卫会和卫健委部门工作层面上，与农村工作和有关农村现代化建设结合得不是特别紧密，尚未成为由党委政府一把手亲自抓的，像"千万工程"和美丽乡村建设一样的综合性的农业农村现代化重大牵引工程。

健康中国战略具有前瞻性和战略性，但健康城市和健康村镇以及健康乡村建设的内涵概念还需要与时俱进，不断拓展和充实。将健康城市和健康村镇当作卫生城市和卫生村镇来创建是不合适的，应该从问题导向、目标导向出发做新的构想。从当前农村实际和抗疫所反映的情况来看，农村还存在众多健康短板，在生态环境生产方式、生活方式以及公共卫生服务体系、公共卫生安全应急管理体系建设等方面都存在一些问题。例如，在农产品质量安全方面存在治水、治气、治土不到位问题，过度施用化肥、农药、生长激素、饲料抗生素等问题，以及不健康养殖、农村公共卫生薄弱等影响健康的问题。因此，急需把健康中国、健康乡村建设提升到与美丽中国和美丽乡村建设同样的战略高度来加以建设和推进。浙江以"千村示范、万村整治"工程为开端的乡村建设工程作为党委政府一把手亲自抓的"三农"工作战略工程和民生工程，成为一个有力推进乡村振兴和农业农村现代化的重大牵引工程取得了非常好的效果。因此，借鉴"千万工程"和美丽乡村建设的经验，把健康乡村建设从单纯的由爱卫会和卫

健委部门抓的卫生健康工作拓展为党委政府一把手亲自抓，形成党委领导、政府主导、农民主体、各部门共同参与的系统性、战略性、综合性的抗疫工程、民生工程和农业农村现代化牵引工程，也作为落实习近平总书记在湖州安吉考察时提出的"把绿水青山建得更美，把金山银山做得更大，让绿色成为浙江发展最动人的色彩"指示的实际行动来加以谋划和规划建设显得非常必要和迫切。也就是说，要坚持把人民群众健康放到优先发展位置，以人民健康至上理念和绿色发展理念为指导，把农民健康和健康生态、健康生产、健康生活、健康服务保障作为农业农村现代化的重要标志和奋斗任务。因此，需要系统性地整合与健康中国相关的各项农村发展和建设工程项目，从乡村健康生态环境建设、健康生产方式推广、健康生活方式普及、健康公共医疗卫生体系完善、健康公共卫生应急管理体系构建和健康乡村建设工程推进的体制机制创新六个方面进行整体系统的整合和规划建设，使健康乡村建设工程成为基础性工程、民生工程，成为推进农业现代化的重大牵引工程。

三、健康乡村建设工程的创新构想

从国内外新冠肺炎疫情大暴发、大流行的严峻形势出发，以习近平总书记以人民健康为中心的发展理念为引领，以党的十九大提出的实施健康中国战略为导向，针对农村中存在的不健康问题和短板，对原有局限于常规医疗卫生工作的健康村镇和健康乡村建设工作进行总结反思。借鉴浙江省实施的"千村示范、万村

整治工程"和美丽乡村建设的成功经验和做法,把健康乡村建设工程拓展提升为由各级党委政府一把手亲自抓的战略性、综合性民生工程,全面提升农村应对疫情的免疫力和抗疫力。

具体目标任务包括以下六个方面的内容:

一是乡村健康生态环境建设。就是以"绿水青山就是金山银山"的绿色发展理念和优良生态环境是最普惠的民生福祉的认识为指导,大力开展大气水土壤污染的治理、农村人居环境整治建设、深化农村垃圾污水治理和农村改厕三大革命,使乡村中的绿水青山越来越美,努力在广大乡村营造一个人与自然和谐健康宜居的生态环境。

二是乡村健康生产方式的推广。主要包括以发展高效生态农业为目标,以绿色化、生态化、清洁化生产来指导和推进现代农业发展和农业现代化进程,大力发展生态循环农业,大力推广健康种植和健康养殖的技术模式,推进化肥农药减量化施用,开展健康田园、健康农场、健康牧场、健康渔场的示范建设,构建数字化、智能化全产业链可追溯的健康农产品质量安全体系建设。大力推进畜禽集中养殖区建设,实现人畜分离。

三是乡村健康生活方式的普及。主要包括乡村健康社区建设的探索,健康社区作为未来社区的一个主推模式,不仅要在现实中进行试验探索,提出标准化的建设方案,还要进行健康卫生、生活方式和生活习惯的普及、宣传推广,开展以倡导文明健康生活新风尚为主要内容的群众性爱国卫生运动,倡导敬畏自然,遵循自然规律,传承优秀农耕文化、家庭美德、

社会公德,开展星级健康家庭创建和评比活动。

四是乡村健康公共医疗卫生服务体系建设。要努力缩小城乡医疗卫生服务的差距,让农民群众普遍享受到新型合作医疗保险和健康服务,完善和提高乡村公共医疗服务水平,逐步推广家庭医生制度。

五是乡村健康公共卫生应急管理体系构建。要按照构建城乡一体化的高效灵敏的公共卫生应急管理体系,把这一体系的神经末梢落实到乡村社区,通过这一体系的构建,使我们能够及时快捷地发现和防控影响人身健康安全的重大传染病和畜禽动物传染病,确保城乡人畜健康安全。

六是健康乡村建设工程推进的体制机制创新。涉及健康乡村建设工程相关的投资体制创新、管理体制创新、生态文明建设体制机制等方面的创新研究。

参考文献

[1] 习近平. 决胜全面建成小康社会　夺取新时代中国特色社会主义伟大胜利——在中国共产党第十九次全国代表大会上的报告 [EB/OL]. 新华网, http://www. xinhuanet. com/politics/19cpcnc/2017 - 10/27/c_1121867529. htm, 2017-10-27.

[2] 习近平. 推动我国生态文明建设迈上新台阶 [EB/OL]. 求是网, http://www.qstheory.cn/dukan/qs/2019-01/31/c_1124054331. htm, 2019-01-31.

[3] 习近平. 之江新语 [M]. 杭州: 浙江人民出版社, 2007.

[4] 习近平: 把人民健康放在优先发展战略地位 [EB/OL]. 人民网, http://politics. people. com. cn/n1/2016/0820/c1024-28651997. html? from = timeline&isappin-stalled=0, 2016-08-20.

践行"两山"理念，推动绿色"一带一路"建设

□ 程兆麟

（湖州师范学院，经济管理学院，湖州，313000）

摘　要："一带一路"倡议是我国重要的国家战略，在其建设过程中，"一带一路"沿线国家都面临着环境影响的现实问题。推进绿色"一带一路"建设是分享生态文明理念、实现可持续发展的内在要求，更是践行"两山"理念的重要实践。本文从绿色"一带一路"建设的现状出发，分析绿色"一带一路"建设的必要性，并提出践行"两山"理念，推进绿色"一带一路"建设的措施。

关键词："两山"理念；绿色；一带一路；生态文明

生态文明是人类文明发展的一个新阶段，以人与自然、人与人、人与社会和谐共生、良性循环、全面发展、持续繁荣为基本宗旨。我国历来高度重视生态文明建设，重视生态环境治理。特别是我国提出共建"一带一路"倡议以来，始终积极践行绿色发展理念，着力深化环保合作，加大生态环境保护力度，倡导低碳、循环、可持续的生产生活方式，努力打造绿色丝绸之路。

一、绿色"一带一路"建设现状

在 2018 年 9 月举办的中非合作论坛北京峰会上，习近平主席指出："中国愿同国际合作伙伴共建'一带一路'。我们要通过这个国际合作新平台，增添共同发展新动力，把'一带一路'建设成为和平之路、繁荣之路、开放之路、绿色之路、创新之路、文明之路。"习近平主席在主旨讲话中指出，要将"一带一路"建成绿色之路。绿色发展是中国重要的发展理念之一，在发展中努力践行"绿水青山"就是"金山银山"的发展理念，将中国生态文明建设的重要理念和实践成果融入"一带

一路"建设之中，不但丰富了"一带一路"建设的内涵，而且必将助推"一带一路"建设高质量发展。

到 2020 年，"一带一路"倡议走过了七周年，七年的时间各国携手合作，聚焦发展问题，将"一带一路"建设成各国谋合作、谋发展、谋共赢的明星工程，也实现了从"五通"到"六路"的转变，内涵更加丰富、发展对接更加翔实、合作规划更加细腻、文明交流互鉴更加频繁。经过近 7 年的不懈努力，"一带一路"已完成了夯基垒台、立柱架梁的阶段，转入落地生根、开花结果的全面推进阶段。站在新起点上，推动共建"一带一路"向高质量发展转变是未来努力的方向。绿色之路是"一带一路"倡议走向高质量发展阶段的必然选择，这不但是发展之需，也是各国合作之需，更是中国自身发展理念成功实践，奉献给世界的中国方案。

七年来，中国政府的绿色"一带一路"政策框架不断完善。2015 年 3 月，国家发展改革委、外交部和商务部联合发布了《推动共建丝绸之路经济带和 21 世纪海上丝绸之路的愿景与行动》，首次全面阐释"一带一路"倡议和实施方案，提出"一带一路"倡议将"强化基础设施绿色低碳化建设和运营管理，在建设中充分考虑气候变化影响"。2016 年 6 月，习近平主席在乌兹别克斯坦提出携手打造"绿色丝绸之路"。2017 年 5 月，习近平主席在首届"一带一路"国际合作高峰论坛上提出建设绿色"一带一路"的具体倡议。2017 年 4 月，环境保

护部、外交部、发展改革委、商务部联合发布了《关于推进绿色"一带一路"建设的指导意见》。2017 年 5 月，环境保护部发布了《"一带一路"生态环境保护合作规划》。此外，多个部委在涉及"一带一路"投资、贸易、产能合作的各项文件中阐明融会贯通绿色发展理念的重要意义，以制度的形式搭建绿色平台、完善政策措施、发挥地方优势、促进合作交流。可以看到，绿色"一带一路"的政策框架正在由粗到细，由虚到实，理念原则逐渐向具体政策转化，并向具有约束力的规则和标准发展。

二、绿色"一带一路"建设的必要性

（一）绿色之路是高质量发展的必然选择

党的十八大以来，我们高度重视生态文明建设，不以牺牲环境为代价求得一时的经济发展，满足人民群众日益增长的对优质生态环境的需求，坚持"绿水青山"就是"金山银山"的发展理念①，深入推进经济高质量发展，力促经济结构转型升级，建设美丽中国。党的十八大以来，我国"生态环境治理明显加强，环境状况得到改善。引导应对气候变化国际合作，成为全球生态文明建设的重要参与者、贡献者、引领者"。中国在吸取自身发展经验和教训的同时，努力将中国发展的成功经验带入世界发展事业之中。"一带一路"倡议是中国提供给世界的国际公共产品，是处于不确定中的世界的一条

---

① 《习近平总书记系列重要讲话读本》第八章"绿水青山就是金山银山——关于大力推进生态文明建设"。

各国携手发展的通路，从"大写意"的摸索发展，到"工笔画"的高质量发展，"一带一路"倡议不仅实现了中国发展与世界发展的对接，更实现了世界各国各自发展与世界发展大趋势的对接。人类只有一个地球，在气候变化深刻影响人类生存与发展的时刻，只有从全球利益出发，树立可持续的发展理念，才能将全球共同的发展价值搭建起来。习近平总书记深刻指出："宇宙只有一个地球，人类共有一个家园。霍金先生提出关于'平行宇宙'的猜想，希望在地球之外找到第二个人类得以安身立命的星球。这个愿望什么时候才能实现还是个未知数。到目前为止，地球是人类唯一赖以生存的家园，珍爱和呵护地球是人类的唯一选择。"① "一带一路"倡议是发展的倡议，更是促进人类社会共同发展的机遇。绿色发展之路会将我们的共同家园保护好，为"一带一路"沿线国家的协作发展、合作开发涂上一层绿色的生态文明保护色。在发展的进程中，加强生态文明建设，不但是沿线各国政府的责任，也是企业和人民的责任，绿色"一带一路"是生态产业的对接、是生态文明的协作、是生态价值的彰显，高质量发展既是合作项目的高质量，也是合作的高质量，而绿色是高质量"一带一路"发展最鲜明的底色，也是共创美好未来时代"一带一路"建设的必然选择。

（二）绿色之路是构建人类命运共同体的重要途径

习近平总书记在党的十九大报告中指出："我们呼吁，各国人民同心协力，构建人类命运共同体，建设持久和平、普遍安全、共同繁荣、开放包容、清洁美丽的世界。"美丽中国建设与建设清洁美丽的世界是构建人类命运共同体的重要内容。当今世界发展面临百年未有之大变局，这个变局不仅是国际政治力量的对比和全球治理秩序的深刻变革，更是人类社会发展的巨大变革。几百年工业化累积的碳排放已让我们共同的家园地球满目疮痍，人类也在承担大自然的"追索"。在人与环境、人类社会发展与生态保护之间，人类需要作出抉择，这不是单个国家、单个文明的事情，而是涉及人类整体生存、繁衍和发展的大事情，需要各国抛弃成见、分歧，共同推动生态环境领域全球治理体系完善和发展，形成共同的生态文明建设纲领和行动。中国积极参与气候变化全球治理，不但积极推动《巴黎协定》的达成，而且努力与各方共同推动协议的落实，维系气候变化国际治理体系的稳定。绿色发展之路是建设清洁美丽世界的必然选择。"一带一路"倡议是构建人类命运共同体的重要途径，而绿色之路是构建人类命运共同体的天然构成。"一带一路"建设命运相依，发展相互依靠，在世界大变革面前，没有谁可以独立支撑，唯有携手合作，才能共同面对人类发展的共同课题。"一带一路"倡议发端于中国，但成果必然属于世界。习近平总书记指出："2013 年秋天，我们提出共建'一带一路'倡议以来，引起越来越多国家热烈响应，共建'一带一路'正在成为我国参与全球开放合作、改善全球经济治理体系、促进全球共同发展繁荣、推动构建人类命运共同体的中

---

① 2017 年 1 月 18 日，习近平主席在日内瓦万国宫出席"共商共筑人类命运共同体"高级别会议发言稿《共同构建人类命运共同体》。

国方案。"①

（三）绿色之路有助于中国产业要素顺利"走出去"

随着中国经济的发展，尽管目前国内仍然需要大规模有效投资和技术改造升级，但已经充分具备了要素输出的能力。在中国国内，因为市场供求变化，要素成本的上升使得一些产业、产品失去了价格竞争力，成为"过剩"产能，而在其他国家，较低的要素成本使得一些产业仍具有竞争力，在其他国家发展建设的过程中能被合理利用，这就为中国产业的转移和转型升级提供了契机。但"一带一路"输出的过剩产能不能是黑色的，沿线国家经济发展、民众生活水平提高的同时，应该加入绿色元素，遵循绿色化主线。绿色"一带一路"倡议是通过以基础建设为载体，可持续发展为准则的区域整体发展模式，加大自然生态系统和环境保护力度，将中国优质绿色的过剩产能输送出去，让沿"带"沿"路"的发展中国家和地区共享中国发展的成果，吸取中国过去先污染后治理的经验教训。

（四）绿色之路是中国展示大国形象与责任所在

丝绸之路经济带和海上丝绸之路经济带以中国加强与周边及多边国家的合作为基础，逐步形成连接东南亚、西亚和东欧的交通运输网络，形成对阿拉伯国家和东欧国家的辐射作用。在经济上实现互联互通，推进贸易投资便利化，逐步形成以点带线，从线到片，促进形成互利共赢、多元平衡、安全高效的开放型经济体系，

为中国改革发展稳定争取良好的外部条件，也使中国发展更多地惠及周边国家。对中国国内来说，可以带动内陆沿边向西开放，相当于扩大西部的发展空间，有利于增强中国的影响力。而绿色"一带一路"倡议不仅可以巩固和发展中国同沿线各国的经贸关系，在发展的同时注重环保合作与交流，重视与当地的减贫、就业、基建等结合起来，推进当地的绿色可持续发展，更有利于赢取沿线国家的支持，进一步扩大中国的影响力，树立中国的对外负责任大国形象。坚持绿色发展，构建绿色发展之路，以多边机制共同参与到全球生态文明建设与保护的大潮中，不断引领全球气候治理机制的完善和发展，以实际行动落实绿色发展理念，推动全球新旧动能转换，将"一带一路"建设融入全球生态环境保护和可持续发展事业之中，在具体交流、项目运作、工程建设等领域融入绿色的理念，不但彰显了中国的国际道义责任，而且对应了时代发展的大趋势。

（五）绿色之路有助于从根本上保障"五通"战略顺利实施

"一带一路"沿线不少国家和地区生态环境相对脆弱，环境管理能力相对薄弱。"一带一路"范围广、项目多，承接产业转移或者基础设施建设，以及重大工程项目实施对脆弱的区域生态环境带来的压力将进一步增加区域环境风险。从中国过去的对外投资与合作来看，环境问题一直是国际各方最为关注的问题，很多贸易摩擦也源于我国对外投资的环境责任不到位等因素。生态环境问题若处理不当，将严

---

① 2018 年 8 月 27 日，习近平在推进"一带一路"建设工作 5 周年座谈会发表重要讲话内容。

重影响中国国家利益。因此，建设绿色"一带一路"，为有效防范产业、投资"走出去"的生态环境风险，打造保障利益共同体、责任共同体和命运共同体，实现"五通"提供根本保障。

三、践行"两山"理念，推进绿色"一带一路"建设的措施

综观"一带一路"参与国的情况，不少国家和地区都面临较为严峻的生态环境问题。在共建"一带一路"进程中，高度重视生态文明建设并采取务实举措加以推进，是高质量共建"一带一路"的题中应有之义。下一步，"一带一路"参与国需进一步坚持环境友好的发展方向，把绿色作为发展底色，努力将生态文明建设和绿色发展理念全面融入经贸合作，形成生态环境保护与经贸合作相辅相成的发展格局。

（一）广泛传播绿色发展理念

要积极倡导尊重自然、顺应自然、保护自然的生态文明理念，加强"一带一路"参与国政府间的政策沟通，通过提高政策透明度，增进了解与互信，在资源节约、环境保护等方面形成共识；加强各参与国家科研机构间的交流，就绿色发展模式、相关技术标准、质量标准等进行充分研讨，共同制定推进区域合作的绿色发展规划和措施，协商解决"一带一路"建设进程中的资源保护和生态环境保护问题；广泛开展各参与国间的文化交流、旅游合作、志愿者服务等，分享生态文明建设的"中国经验"

和"中国智慧"，为进一步合作打下坚实基础。

（二）分类建设国际合作机制

"一带一路"各参与国经济社会发展水平不均衡，生态环境保护理念也存在差异。但也要看到，"一带一路"各参与国在生态环境保护制度、技术和相关产业等方面各有所长。这就需要对不同区域、不同发展水平、不同合作需求和不同合作基础的国家制定各具特色的、有针对性的双边、三方或多边合作机制，共同塑造更加平衡和更加优化的合作发展格局，逐步形成生态环境问题共商、生态技术服务共享的多赢局面，推动生态安全保障体系不断完善。

（三）引进基础设施建设的环保标准

基础设施是制约发展中国家经济发展的瓶颈，加快基础设施互联互通，是共建"一带一路"的关键领域和核心内容。应将构建全方位、复合型的基础设施互联互通作为共建"一带一路"的优先方向，努力推动高质量、可靠、抗风险、可持续的基础设施建设。在加强基础设施建设的同时，要继续充分考虑环境因素，不断引入绿色交通、绿色建筑、绿色能源等行业的国际环保标准，提升低碳化水平，既保证经济效益，也把对环境、社会可能造成的直接风险、间接风险降到最低，有助于各参与国的可持续发展。特别是在关键道路、口岸基础设施、航空基础设施、管道网线等重点工程的建设中，应着力规避风险、降低风险，把握好经济增长、社会进步和环境保护之间的平衡。

（四）推动建立绿色供应链管理体系

"一带一路"参与国生态环境要素差异较

大，不少国家在生态环境保护方面的基础比较薄弱。因此，我国在推进绿色供应链管理体系的过程中，可以优先考虑在减排潜力大的地区和领域开展合作，从采购、生产、包装、流通、消费和循环利用等各个环节加强绿色供应链国际合作，有重点、有步骤地推进绿色供应链管理体系建立，以点带面、逐步推广；将绿色产品、绿色工厂、绿色工业园区和绿色企业的发展有机结合，发挥核心企业的龙头作用，放大生态环境保护的示范效果，促进供应链体系企业之间的合作，提高全链条上每个企业的环保意识，推动生态文明建设向广度、深度发展。

（五）积极发展绿色金融

加大对生态环保企业的资金支持，减轻生态环保企业的经济负担，为相关企业提供多元化和可持续的投融资支持，是加强生态文明建设、开展绿色金融服务的重要措施。需开展对"一带一路"参与国绿色环保项目的投融资需求研究，制定相应的绿色投融资指南，探索绿色投融资的管理标准、认定程序和方法。对于加大环保生产技术投入、积极转变粗放生产方式的企业，可考虑放宽金融信贷条件，在融资额度和贷款利率等方面给予优惠，保障绿色投融资精准对接，促进资金投入向生态文明建设方面聚焦。

（六）大力构建绿色能源体系

"一带一路"各参与国应加强能源基础设施建设，保障能源安全，发展可负担、可再生、清洁和可持续的能源，减少对传统能源的依赖，促进各参与国能源转型和经济可持续发展。中国作为世界新能源生产和应用大国，应将自身的产业优势与各参与国构建新能源体系的需求相结合，积极推动水电、核电、风电、太阳能等清洁、可再生能源投资，加强能源资源深加工技术合作，推进能源资源就地就近加工转化，形成能源资源合作上下游一体化产业链，为当地经济的发展和人民的生活提供可靠的保障。

（七）充分发挥民间力量的作用

在生态环境保护合作中，以民营企业、民间机构、民间组织为主体的民间力量不可或缺。加强各国民间力量之间的多领域沟通交流，充分发挥民间力量的桥梁纽带作用，对推动绿色发展具有重要的战略意义。目前，我国已与"一带一路"参与国中的很多国家，共同开展了诸如公益慈善活动、论坛、展会等多种形式的民间交往，促进了沿线国家人民对生态文明建设的关注，推动形成绿色发展共识。今后，应进一步扩大各国民间力量在"一带一路"生态文明建设中的参与度，形成各界力量携手推动生态文明建设的良好局面。

四、结束语

千年丝路，驼铃悠扬，生态文明建设是人类社会发展始终需要面对的，现代化不能是污染的现代化，更不能是以牺牲生态环境为代价的现代化。生态环境是人类生存和发展的根基，生态环境变化直接影响文明兴衰演替。"生态兴则文明兴，生态衰则文明衰"已经成为经过实践检验的真理。"一带一路"建设正从"大写意"向"工笔画"的高质量发展转变，"工笔画"时代的"一带一路"建设，绿色是最好的颜料。绿色的"一带一路"体现的是发展价值的转变，更彰显中国全球生态文明建设的重要参与者、贡献者、引领者的担当。精雕细琢"工笔画"下的"一带一路"永远不会缺少绿色这一抹亮丽之色、发展之色。